青少年创客活动指南

A Created Activities' Guide for Teens as Maker

吴　强　翟立原　主编

中国科学技术出版社
·北 京·

图书在版编目（CIP）数据

青少年创客活动指南/吴强，翟立原主编. —北京：中国科学技术出版社，2018.1（2020.12重印）

ISBN 978-7-5046-7824-9

I.①青… II.①吴… ②翟… III.①青少年—科学技术—创造教育—指南 IV.①G40-05②N19

中国版本图书馆CIP数据核字（2017）第284418号

策划编辑	王晓义	
责任编辑	王晓义	
装帧设计	周新河	程 涛
责任校对	杨京华	
责任印制	徐 飞	

出　　版	中国科学技术出版社
发　　行	中国科学技术出版社有限公司发行部
地　　址	北京市海淀区中关村南大街16号
邮　　编	100081
发行电话	010-62173865
传　　真	010-62179148
投稿电话	010-63581202
网　　址	http://www.cspbooks.com.cn

开　　本	787mm×1092mm 1/16
字　　数	210千字
印　　张	13.5
版　　次	2018年1月第1版
印　　次	2020年12月第2次印刷
印　　刷	北京盛通印刷股份有限公司

书　　号	ISBN 978-7-5046-7824-9 / N·226
定　　价	46.00元

（凡购买本社图书，如有缺页、倒页、脱页者，本社发行部负责调换）

内容简介

　　本书是中国科普研究所、上海市宝山区青少年科技指导站和京沪深等相关机构开展的"青少年创客活动的理论与实践研究"等课题成果的展示。全书分4个部分，介绍了青少年创客活动所涉及的相关理论，剖析了3个青少年创客活动工作案例，并详细介绍了青少年初级创客（体验"制作"）成长的11个教学案例以及6个中级创客（体验"创意"）活动案例。

　　本书实践性强，有理论、有案例，可操作性尤为显著。本书适合中小学校及校外教育机构的教师、科技辅导员和青少年家长参考，也适用于具有一定自学能力的青少年学习与应用。

本书编写人员名单

主　编　吴　强　　翟立原

副主编　高宏斌　祝　贺　陆洪兴　俞惊鸿

编　委　(以姓氏汉语拼音为序)

毕晨辉　曹　伟　曹　霞　陈　杰　崔向红　方红梅

封　华　胡　军　顾允一　姜　嵘　姜玉龙　蒋　真

李红林　李　挺　李振弘　李子恒　刘　然　刘彦锋

毛　峰　乔林碧　秦莉萍　沈　满　宋　斌　宋克辉

孙　歆　唐　芹　王　芳　王禾青　王　蕾　王　霞

王晓丽　吴秀玉　吴　燕　伍晶晶　夏　军　徐　群

许　浩　杨冬青　杨江军　杨景成　杨　宁　杨绣红

尹　玲　鱼东彪　虞海洲　曾　筝　张　超　张　亚

张雅楠　赵建龙　赵　洁　赵学漱　支　乔　周　放

周　静　周寂沫　周柳贞　周　缨　朱　方　朱立华

朱　燕

撰稿者　(以姓氏汉语拼音为序)

陈宏宇　富思远　高宏斌　黄欣艺　蒋　新　陆　蔚

马　钰　盛　洁　史青茹　申智斌　唐海波　汪　龙

王禾青　王葵英　闻　章　吴　强　吴为安　解　进

严建萍　阎　莉　严　青　杨长泓　姚　蓉　翟立原

朱辰欢

序

为贯彻落实《全民科学素质行动计划纲要（2006—2010—2020年）》《国家中长期教育改革和发展规划纲要（2010—2020年）》和《国家中长期科学和技术发展规划纲要（2006—2020年）》，切实加强对全国青少年创客活动的引领和指导，中国科普研究所和上海市宝山区青少年科技指导站于2016年1月和2017年1月，先后联合启动了"青少年创客活动的典型案例研究"和"青少年创客活动的理论与实践研究"课题。

两年来，课题组诸多专家、科学教师和科技辅导员遵循习近平主席"我国要建设世界科技强国，关键是要建设一支规模宏大、结构合理、素质优良的创新人才队伍，激发各类人才创新活力和潜力"的重要指示，对青少年创客活动所涉及的科学教育、传播与普及理论，青少年创造性培养理论，STEM教育理念，青少年科技活动的理论，科学教育信息化的理念和大众创业万众创新的理念等，结合家庭、学校和社会教育等多元渠道进行了精心梳理和综合研究，并通过上海、北京和深圳等地的实践探索与总结，提炼出3个青少年创客培养工作案例、11个初级创客教与学活动案例和6个中级创客教与学活动案例。上述具有一定科学性、教育性和创新性的理论与实践成果，均集中呈现于本书之中。

党的十九大报告指出："建设教育强国是中华民族伟大复兴的基础工程""要全面贯彻党的教育方针""培养德智体美全面发展的社会主义建设者和接班人。"我们相信，本书的出版将会使我国广大中小学校、幼儿园和校外机构的科学教师、科技辅导员以及青少年家长及时获得开展青少年创客活动的实用参考，成为引领他们在培养具有创客潜质的青少年科技创新后备人才进程中持续学习的应用指南，成为促进我国青少年创客活动乃至创客教育构建与发展的相关理论支撑和实践范例。

最后，预祝我国青少年创客活动不断发展壮大！

中国青少年科技辅导员协会副理事长

中国科普研究所所长，研究员

王康友

2017年11月19日

目录 CONTENTS

青少年创客活动指南

第四部分
让青少年重点体验"创意"的教与学案例 …………………… 129

参考文献 …………………………………………………………… 193

附　录

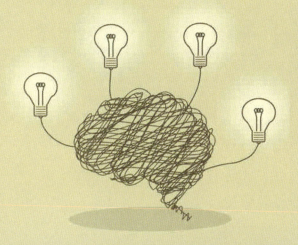

第一部分

青少年创客活动相关理论概述

　　"创客" 一词源于英文maker, 特指酷爱科技且不以盈利为目标, 努力把各种创意转变为现实的个人。他们形成了热衷于创意设计和制造, 并乐于相互分享的群体。尽管社会各界对创客有着更为多元的诠释, 但创新、制造和分享无疑是创客及其群体不可或缺的关键词。

　　从美国和欧洲发达国家创客群体的兴起来看, 不得不提到20世纪中叶私人汽车进入普通中产阶级家庭, 以及在其独栋住宅中建设车库而形成的"车库文化"。所谓车库文化, 即家庭住宅停放汽车的车库, 不仅成为户主储存工具及设备, 进行汽车修理、房屋改装和庭院维护的工作场所, 还成为父母指导孩子体验设计和制作创意产品的"实验间", 乃至最终成为创客或创客群体实施创新的"工作坊"(图1-1)。这种车库文化在欧美至今仍长盛不衰, 并正在成就着新一代创客的成长。

图1-1 美国新泽西州一位家长在车库指导孩子切割板材

近几年,中华大地涌动的"创客风潮",加速推开了我国互联网与制造业融合发展的新工业革命大门,引领了大众创业、万众创新时代的到来,并成为现阶段国际社会创新发展的典型示范。作为上述风潮持续发展的基础之一,青少年创客活动越来越受到社会各界的青睐。

由于青少年创客活动在我国尚处于初级阶段,国际上也还没有成熟的创客教育模式可以借鉴,因此,我们试图从相关的理论中挖掘依据,并通过上海、北京、深圳等中小学校、幼儿园、校外机构、社区和家庭的试点案例,帮助教师、家长和青少年尝试走进丰富多彩的创客活动,悉心体验科学发展,以满足未来社会对更多创客型人才的需求。

下面介绍的是与青少年创客活动相关理论(或理念)的概述。

青少年创造性培养理论

科技创新后备人才的培养,特别是其中具有创客潜质的后备人才的培养,与中小学和校外机构的科学教师、科技辅导员和青少年的家长息息相关。因此,了解与青少年创造性培养相关的理论，以及应用这些理论营造良好的学校、校外机构和家庭的育人环境，是时代的导向，也是上述科学教师、科技辅导员和青少年家长的迫切需求。

早在1950年，时任美国心理学会会长的J.P.吉尔福特 (J.P.Guilford) 就已开始倡导创造性的研究。他指出，创造力是多元的反应能力。他认为创造性思维包括6个特征：感知触觉、界定更新、流畅性、灵活性、独创性和精细性。至1962年，针对创造性定义不可免除的各种各样的缺陷，A.纽厄尔 (A.Newell) 等学者建议对创造性思维作的总结性定义为：创造性思维的结果对于思考者或文化而言具有新颖性和价值；这种思维是非传统的，具有高度的机动性、坚持性或极大的强烈性；创造性思维的任务是把原来模糊的、不明确的问题清楚地勾画出来。此后，教育心理学家C.A.戴维斯 (C.A.Davis) 又对创造力作了描述：它包括思维的流畅性，即产生大量设想的能力；灵活性，即对某个问题提出不同解法的能力；独创性，即提出不同的、独到设想的倾向；精细性，即发展和装饰设想的能力；问题的敏感性 (与好奇心有关)，即发现问题、察觉缺少信息和提出恰当问题的能力；想象，即心理构图和驾驭设想的能力；隐喻思维，即从一种设想和方案转换为另一种设想和方案的能力；评价，即估计方案适宜性的能力。这一定义实际上包容了认知与情感两方面的因素。

1.有关创造性、创造力的定义至今仍在从多视角探索

就20世纪末和21世纪初这一阶段而言，有关创造性、创造力的定义在继承前人研究的基础上，仍从多视角进行着探索。在回答什么是创造力时，詹姆斯·D.莫兰III (James D.Moran, III) 近期的研究指出：创造力是从过程、产品或人的方面被考虑的，并且被定义为在人际交往的过程中，新颖、高质且有智力开发意义的产品被制造出来。涉及儿童创造力时，注意力应该放到过程上，即产生、发展新颖的想法，这被看作是创造潜力的基础。参考J.P.吉尔福特 (1956年) 的区分收敛性思维与发散性思维的理论，可以帮助我们理解这一问题。与收敛性思维相关的问题往往只有一种正确的解决方法。但是，与发散性思维相关的问题却要求解答者提供许多种解决方式，其中一些是新颖、高质量并且有效的方法，因此也必然体现出创造力。

诺里克·萨基 (Norik Szaky) 等学者在相关的研究中指出，通常创造力被定义为产

生新颖而有价值的想法的认识能力。大部分研究者认为，创造性思维成果必备的特征有3种：流畅性、灵活性和创新性。在创造力测试中，评定这3项特征通常是通过让测试者回答诸如尽可能多的圆形物体，或是列出一块砖的不同用途，并由此产生的答案总数测定其流畅性；同时还可对答案进行归类，而归类后得出的种类数目可测定其灵活性。评估创新性一般是通过考查答案的新颖程度来进行的。图1-2是一位小朋友在通过作品展示自己的创造性。

图1-2 每个孩子都可以通过作品展示自己的创造性

诺里克·萨基等学者认为，创造力被认为是社会存在和发展所必不可缺的基本技能之一。举例来说，1996年斯顿伯格（Sternberg）和卢巴特（Lubart）发现，许多人认为创造力是公司主要管理人员最重要的能力，因为一个公司的成功取决于其领导层面的创造性目光。斯塔克（Starko）于1994年也论述了创造力在教育中的重要性，提出创造力的培养过程和学习的过程同样重要。她说："利用创造性方式学习课文的学生会学得很好，他们还在课外学习认识问题、做出决定以及解决问题的方法。"教育机构也已经指出，初等和中等教育应该注重创造力、判断力、思维能力和表达能力的培养。

安娜·克拉夫特（Anna Craft）的研究指出：牛津英语词典把创造力描述为"富于想象力和创意，导致存在、发展和创新的过程。"（简明牛津词典，第9版，1995年）。而美国国家创造力和文化教育咨询委员会（1999年）对创造力的表述是"为产生既具创新性又有价值的结果而形成的富于想象力的活动。"安娜·克拉夫特更倾向于把创造力界定为比富于想象力的活动稍微宽广一些的范畴；就创造力活动的核心而言，她把"可能性思维"（possibility thinking）假设为驱动其发展的"发动机"，以及形成创造力所必不可少的顿悟。

安娜·克拉夫特认为，可能性思考者的一个特征就是好奇心。对周围世界的好奇使他们找出并解决问题。可能性思考者会像正常提出问题那样，常常用进一步的问题来做出对某一问题的回答——这引导他们用新的方式来思考周围的世界。

2. 创造力与智力——多元智能理论有助于创造力的培养

20世纪80年代中期，哈佛大学创造力研究的引领者霍华德·加德纳（Howard Gadner）提出了一种旨在认识独立个体所具有的不同认识类型和能力的多元理论，他称之为"多元智能理论"（multiple intelligence）。他称此理论对人的概念做出了全新定义。苏格拉底（Socrates）说人是有理智的动物。霍华德说人类是有一定智能的动物，这些智能不同于其他动物和机器的智能。例如，他指出也许可以进行一项有趣的实验，就是把人类的多种智能应用到计算机上，来考查计算机能否拥有这些智能。至少目前计算机不可能拥有人类现在具有的多种智能。

开始，霍华德列举了7种智能分别是语言智能（linguistic intelligence）：有益于语言的能力；逻辑—数学智能（logical-mathematical intelligence）：在逻辑、数学和科学思维方面的能力；空间智能（spatial intelligence）：与形成头脑中灵活可动的空间模型相关的能力；音乐智能（musical intelligence）：对乐曲和声音感知的能力；身体—动觉智力能（bodily-kinaesthetic intelligence）：利用局部或整个身体来解决问题，或是创造作品的能力；人际关系智能（interpersonal intelligence）：理解他人以及与他人沟通的能力；自我认识智能（intrapersonal intelligence）：清楚地理解自我，并知道怎样有效地应用这种内在经验于人生的能力。

20世纪90年代末,霍华德开始研究更深入层面的智力,并提出了第8种智能——自然辨识智能(naturalist intelligence):与区别动植物以及察觉自然界变化特征相关的能力。霍华德认为,目前所了解的智力种类可能是"八个半",这包括目前他还不太肯定的灵性智能(spiritual intelligence)。他指出,每个人都具有以上各种智能,但每种智能的强弱,则是因人而异的。当然,任何人也不能排除还会有第10种、第11种"新"智能的发现。

安娜·克拉夫特的研究表明:每个人都有不同综合能力的观点,并不是全新的,霍华德的理论也不是唯一的。管理学家汉迪(Handy)于1994年提出了关于9种智能的类似理论,这9种智能包括关于事实的、分析的、语言的、空间的、音乐的、实践的、身体的、直觉的以及人际关系的智能。同样,在成人学习领域的研究中,各种有关"学习类型"的研究都承认个人认识能力的不同,诸如霍尼(Honey)和芒福德(Mumford)1986年提出的理论。

安娜·克拉夫特认为,上述多元智能理论的出现代表了这样一种观念,它与传统的认为智能是"一元的"概念不同。"我发现霍华德对智能的定义对我们是有益的,即至少在一种文化中,解决问题或创造事物的能力被认为是有价值的。他进一步把智能定义为做上述各类事情的生物—物理潜能。这种潜能可能会被发掘,也可能不会,这依赖于其所处的文化中可利用的资源。霍华德的智力观看起来也巩固了其他有关智能的研究。"

霍华德关于多元智能的观念被广泛讨论,同时也受到了一些批评,例如,1998年怀特(White)在其著作中对该理论就提出了批评。不过,现在所说的是霍华德理论的影响,其中一部分理论扩展了人的能力的价值。他的理论还被很多人认为对学校教育有指导作用(尽管这并不是霍华德的初衷)。很明显,法定课程和评分标准的重点是在语言智能和逻辑—数学智能上,但是为了全面提高每个学生的智能,学校必须重视不同学生可能擅长的智能种类,更多地关注个体,关注他们的情感和能力。这与创造力的培养是一致的。

这里应该指出的是,创客的主要特质就是勇于创新、敢于实践和乐于分享。而列为首位的创新,意味着其追求的是兼具新颖性、先进性和实效性的新产品或新事物。因此,要造就未来社会所需要的具有创客潜质的科技创新后备人才,就要从其创造性的养成开始——从创新精神和创造能力两方面着手进行培养。

科学教育、传播与普及理论

　　科学对社会的影响,特别是对社会公众尤其是青少年的影响,主要是通过科学教育、传播与普及来实现的。因此,要培养酷爱科技,以创新、实践和分享作为特质的创客型青少年,学习、了解和应用科学教育、传播与普及理论,是广大科学教师、科技辅导员和青少年家长不可忽视的又一关键环节。图1-3展示的是水族馆里的科学传播活动。

图1-3 水族馆里的科学传播活动

　　首先应了解诸如以《美国国家科学教育标准》《美国国家技术教育标准》和我国教育改革中出台的相关科学课程标准等为代表的科学教育领域的相关理论和实践结晶;以麦克卢汉(Mcluhan)、施拉姆(Schramm)和拉斯韦尔(Lasswel)为代表的传播学主要代表人物及其相关著作;以《中华人民共和国科学技术普及法》《全民科学素质行动计划纲要(2006—2010—2020年)》为代表的科普领域的纲领性文件等。

例如,如何提升科技创新后备人才特别是具有创客潜质的青少年的能力和水平,是摆在我们面前的紧迫任务。而有益于科技创新后备人才成长的青少年科学探究学习活动,则正是实现上述目标的最主要途径之一。近些年来,欧美等发达国家和一些发展中国家都在进行基础教育改革,特别是科学技术教育的改革。而关注科学探究学习活动,培养青少年的科学探究能力,则是上述改革的核心之一。值得一提的是,1996年,美国国家科学院推出了美国历史上第一部《国家科学教育标准》。这部标准要求学校的科学课程把"学科学作为一种过程",并强调"学科学的中心环节是探究"。我国在基础教育改革中,新课程标准也明确提出"科学学习要以探究为核心"。从课外、校外领域来看,美国的西屋人才选拔赛、英特尔国际科学工程创新大赛,英国的青年科学家竞赛,欧盟的青少年科技竞赛,法语语系国家的青少年科技博览会,东南亚国家的"青年科学周"活动,我国的青少年科技创新大赛,都是以鼓励青少年尝试像科学家那样探究和发现为宗旨的。这恰恰与鼓励青少年参与其中,针对现实世界问题提出创造性解决方案的创客活动的宗旨具有相通之处。

因此,应用青少年科学探究学习活动的理论,有助于从学校科学课程和课外、校外科技活动的多元角度,对青少年参与科学探究学习活动的目标、原则进行综合归纳;对自主学习与科学研究过程的有机结合进行理论探索;对通过科学课程促进青少年对科学探究过程的理解、体验,通过综合实践活动和研究性学习促进青少年科学探究能力的发展,通过参与科技俱乐部活动和青少年创新大赛系列活动促进青少年应用科学研究方法参与创新的能力3个阶段性进程进行实验研究;从而为我国科技创新后备人才成长规律的探索和大学、中学、小学现代科技教育体系的构筑提供初步理论依据和实践基础。同时,亦可为我国具有创客潜质的青少年的培养提供有益经验和借鉴模式。

再如,对青少年进行科学传播,就需要了解与传播过程相关的理论。美国学者哈罗德·拉斯韦尔创建的与传播学过程相关的理论,特别是他所提出的著名的"5W"模式:谁(who)→说什么(says what)→通过什么渠道(in which channel)→对谁(to whom)→取得什么效果(which what effects),对广大科学教师、科技辅导员和青少年家长提升自身专业技术水平，正确理解和运用科学传播于创客培养，无疑具有重要的现实意义。

STEM教育的理念

STEM代表自然科学 (science)、技术 (technology)、工程 (engineering)、数学 (mathematics)，而STEM教育就是自然科学、技术、工程、数学等相关专业领域的教育。鉴于美国高中毕业生报考大学自然科学、技术、工程、数学等相关专业的比例很小，为了提升国家竞争力，美国政府长期以来都在推行一项鼓励高中毕业生主修大学自然科学、技术、工程和数学等相关专业领域的计划——STEM教育计划，并不断加大高等院校自然科学、技术、工程和数学教育的投入，以获得更多具有STEM学位的未来人才——这是衡量国家科技和经济实力是否增长的重要指标之一。

值得注意的是，近几年来，原本面向高等院校的STEM教育计划开始向中小学延伸，自然科学、技术、工程、数学等相关专业教育也从大学生向中小学生迁移。2014年，美国政府提出的STEM国家人才培育策略，专门针对中小学STEM教育提出实现各州STEM创新网络合作、培训优秀STEM教师、建立STEM专家教师团、资助STEM重点学校和增加STEM科研投入等具体的规划，受到世界的广泛关注。

实际上，从广义的科学来看，自然科学、技术、工程、数学都应包含在内。在中小学推行STEM教育模式，绝不是自然科学、技术、工程和数学等学科的简单叠加，而是在"大科学"的框架下强调多学科的交叉融合，强调对青少年科学素养、技术素养、工程素养和数学素养的早期综合培养，以更好地为高等院校输送具有创新精神和实践能力的STEM后备人才。

上述新的教育理念，已引起我国许多专家学者、中小学教师的关注，并开始结合国情和区域特色，尝试将其本土化。一些科学教师和科技辅导员应用STEM教育模式，把握科学素养、技术素养、工程素养和数学素养的整体培养，已在学校科学课程或校本课程教学、课外或校外科技活动开展以及青少年科技竞赛组织等方面先行实践探索，并取得了良好的效果。图1-4为青少年在展示自己设计制作的产品。

图1-4 展示自己设计制作的产品

而最为显著的是，STEM教育的理念为培养具有创客潜质的青少年提供了借鉴。记得2015年克里斯·安德森（Chris Anderson）在其所著《创客：新工业革命》一书中，将创客界定为"一群使用互联网和最新工业技术进行个性化生产的人"，而STEM教育则将中小学阶段的青少年，从传统的科学教育教学方式，引入以科学的认知为核心，同时集数学的思维、工程的规划和技术的设计为一体的"DIY"教育、综合实践教育和"大科学"教育，为具有创客潜质的青少年的培养，提供了先进的教育理念和切实可行的教育模式。

青少年科技活动理论

青少年科技活动是指以青少年为主体，以培养其科学素质、人文素质和其他心理品质为主要目标，涉及各科学技术领域（即自然科学、工程和技术、医学、农业科学、社会科学等）中科技知识的产生、发展、传播和应用密切相关的系统的活动。

作为科学教师、科技辅导员或青少年的家长，首先应关注青少年科技活动的奠基理论，而这一理论诞生于1969年，主要反映在时任"国际科学普及和校外科学活动发展协调委员会"主席的史蒂文森(Stevenson)先生受联合国教科文组织委托所撰写的《青少年校外科学活动》一书中。该书从导言、俱乐部、科学博览会、野营、聚会、博物馆、自然保护、非专业性活动和行政机构等9个方面，对世界各国青少年科技活动的内容、形式、规模等现状，以及体现相关规律的原则、标准和方法等进行了描述。该书特别强调指出："虽然理论可以输出，但方式方法却很少有输出的。""我们一向告诫理论的传播者和接受者，要时刻注意：为了适应当地情况的需要，而改革方式方法。"因此，在学习上述理论的同时，注意因地制宜，不断对青少年科技活动的内容、形式和方法进行创新，是科学教师、科技辅导员和青少年家长需要牢牢铭记的。

在青少年科技活动中，科教器材的应用是必不可少的，这与创客活动中工具和器材的使用大致相同。例如，在青少年科技活动中，科教器材是需要按照一定的规程来进行操作的。就青少年而言，不仅要学会操作，更可贵的是熟练操作，因为这对于他们手和脑的协调，对于其技能的训练有重要意义。历史告诉我们，技术的最原始概念是熟练——熟能生巧，而巧就是技术。所以，使用科教器材，可以视为是青少年技术教育的启蒙——技术既可以表现为有形的生产工具、实体物质，也可以表现为无形的技能知识、精神智力，还可以表现为虽不是实体物质而却又有物质载体的信息资料(包括电脑软件)、设计图纸等。

就青少年科技活动中的科教器材来看，尤其是自制教具、学具和模型器材，由于它们需要青少年尝试设计、识图、制作或装配，因此使上述教育过程蕴含了更多的技术含量。例如，要制作一个低成本的"简易水压机"教具，青少年首先要依据液压原理，构思出该教具的雏形，并画成样图，这即是设计。其次，青少年要为该教具选择合适的低成本材料：如用胶合板作为支架和壁板；用两个直径不同的注射器分别作为大、小活塞；用玻璃管和橡胶管作为导管；用两块质量不同的铁块作为置于大、小活塞上的块状物；用细铁丝作为"箍"；用胶水和钉子分别作为黏合剂和固定物；等等。最后，青少年要运用木锯、锤子、钳子、钻、钻头、凿子等工具，按照一定的程序，将该教具制作(装配)起来。

再如,青少年科技活动中车模、空模、海模的拼装过程中,大都需要使用胶水作为黏合剂,而胶水的使用,尤其是看似简单的涂抹,却是很讲技巧的——这可以训练青少年掌握正确的动作技能。当然,如果借此进行拓展,还可以使青少年了解粘接技术的广泛应用,黏合剂的组成和分类方法;了解几种常见黏合剂的性能和用途;了解粘接的基本工艺过程及其对粘接质量的影响;了解粘接的安全知识;等等。此外,尝试操作程序的"优化",对模型结构与功能关系的了解,以及工具的使用,亦可促进青少年对技术的领悟。图1-5为青少年在科技馆探索特种汽车的构造。

图1-5 青少年在科技馆探索特种汽车的构造

英国教育界亦有相同的作法。例如,一所现代中学在得到一辆老式奥斯汀汽车后,立即组织有兴趣的学生把它拆开,并清洗了所有零件,然后重新装好,从而使汽车能更好地运转。接着,学生们又开始制作各种零件的模型,以这些零件为基础,研究汽化器在各种压力下的物理性能,齿轮箱及各种零件的结构,点火电气装置,用实验的方法确定摩擦产生的热量及消除方法, 研究聚光灯装置, 驾驶操纵机构和结构原理, 最后学生们写出了技术试验报告, 并以此成果参加了英国青少年科学博览会。

不难看出, 上述青少年科技活动中的技术设计或制作的目标, 与创客活动并无明显区别, 两类活动中青少年都是以"造物者"(maker) —— 工匠自居。当然, 随着时代的发展, 与传统的青少年科技活动中的工具和器材相比, 今天的创客活动的工具和器材更为丰富, 各种数字化、虚拟化的制作与设计工具都已一一在列。

科学教育信息化的理念

当今世界已进入信息时代, 信息技术成为了创新速度最快、通用性最广、渗透力最强的高技术之一, 它也必然全面渗透并深刻影响科学教育的理念、模式和走向。如果广大科学教师、科技辅导员和青少年家长能够尝试将信息技术的应用与科学教育的变革紧密结合起来, 就可以通过自身实践跟上新的思潮, 促进科学教育的信息化之路在科学课教学、课外科学活动和青少年科技竞赛等方面不断取得突破, 并结出丰硕成果。

例如, 借助先进的信息技术和网络平台出现的"慕课"和"微课", 可以使大规模并且个性化的科学学习活动成为可能, 让全球各国或国内不同地区的不同人群共享优质科学教育资源成为现实。而大数据应用、3D技术、微信平台等相关信息技术在科学教育中的应用, 可使更多的青少年在认知科学上受益匪浅。

正是在科学教育信息化之路发展趋势的影响下, 我国一些大城市的科技教育机构, 利用国外同类机构的优质科学教育资源, 开始以"慕课"的形式, 让中小学青少年体验国外优秀科学教师采用讲授型、演示型和实验型等多种教学模式进行的互动式科学传播活动, 充分调动了他们学习的自主性。我国北京、上海、浙江、福建等省、直辖市的一些学校和校外机构的科学教师和科技辅导员, 也在尝试利用校外科技活动资源形态的"碎片化""微型化""主题化", 逐渐开发出以微视频为主要载体的"微课", 让中小学青少年体验到新的学习科学的模式。这些实践探索丰富多彩且意义深刻, 正引领更多的科学教师和科技辅导员在科学教育的信息化之路上开拓前进。图1-6表明信息化技术已影响到几乎所有的孩子。

图I-6 信息化技术已影响到几乎所有的孩子

值得一提的还有基于计算机仿真技术的"虚拟场景体验模式"，许多科技辅导员利用这一模式，将科技活动带入了一个全新的领域，便于更多的中小学青少年自己动手参与活动。虚拟场景是基于真实场景和模拟场景的诸多要素，尝试自我开发建立的一个新颖独特的场景体验模式。其独特性就是以计算机技术为核心，运用现代高技术生成逼真的视、听、触觉一体化的特定范围的虚拟环境——诸如数字科技馆，使参与者借助必要的设备以自然的方式与虚拟环境中的对象进行交互作用，从而产生亲临等同真实环境的感受和体验，获得对科学真谛的理解。

除此之外，依托卫星传输、Think Server服务器和先进的云计算技术等成就的"太空授课"，以及微博互动、手机游戏、移动播报等信息技术载体的应用，亦都为科学教育模式的变革提供了平台。

对广大科学教师、科技辅导员和青少年家长而言，应用信息技术促进科学教育创新并不困难，重要的是要更新观念，从点滴做起。例如，美国和我国上海的一些科学教师，利用家庭普遍拥有的数码相机，尝试为科学课程开辟了许多新的教学可能。诸如引导中学青少年在物理课上拍摄自由落体在每一秒内的运动轨迹；运用高速摄影，获取或记录化学实验过程中的各种反应及中间产物；而植物开花的每一个瞬间，也都可以被数码相机清晰地摄制下来。上述数码相机中的图片可以被下载到计算机上，并可以使用图像控制程序，根据需要分割图像、调整其大小或者提高清晰度。中学青少年们可以复印这些图片，既可以将它们作为实验报告的资料，也可以作为数码资料放到网上加以展示和交流。这一模式无疑可以让中学青少年学到比"人眼观看"更为精确的，集信息技术和光学技术为一体的科学观察方式。

再如，每年开展的全国中小学生电脑制作活动，是一项使用计算机设备开发、创作、设计和制作数字化产品(电脑作品)的活动，体现了广大中小学生在信息技术应用方面的创新精神、实践能力和应用水平。每年开展的全国青少年科学影像节活动是指青少年运用DV(用数码摄像机Digital Video拍摄、制作的动态影像的简称)技术记录一个自己亲身经历的科学探究活动，体现了科学探究与DV技术的相互融合，促进了青少年科学素质和创新精神的培养。许多科学教师、科技辅导员和青少年家长通过组织中小学青少年参与上述活动，取得了良好的育人效果。

不言而喻，上述科学教育信息化的理念同样适用于具有创客潜质的青少年的培养。这是因为，尽管创客培养尚未形成一种成熟的教育模式，但其毕竟是创新教育的一种形式，即以信息技术的融合为基础的一种青少年实践创新的形式。而科学教育信息化的理念和相关实践，恰恰为青少年创客的培养提供了可借鉴的路径。

大众创业万众创新的理念

2015年全国"两会"上，李克强总理在政府工作报告中指出要把"大众创业、万众创新"打造成推动中国经济继续前行的"双引擎"之一。究其原因，主要是在资源和环境压力加大、传统增长动力不足的情况下，我国唯有加快经济转型特别是进一步兴起大众创业万众创新热潮，才能为建设创新型国家筑牢基石，为经济发展增添持久动力。目前，作为全国科技创新中心的北京已形成亚洲规模最大的"创客空间"，其与上海、深圳等中华大地涌动的"创客风潮"，加速推开了互联网与制造业融合发展的新工业革命大门，引领大众创业万众创新时代的到来。

实际上，"创客"源自英文maker，原意是"制造者"。现在是指出自兴趣与爱好，并基于3D打印技术、Arduino等开源硬件，努力把各种创意转变为现实的人。正是由于我国当前科技和经济发展的需求，才使源于欧美的创客活动风靡全国，并已进入许多大学、中学、小学校园，吸引着广大青少年的参与，图1-7为在上海首届创客大赛上展示的3D打印作品。

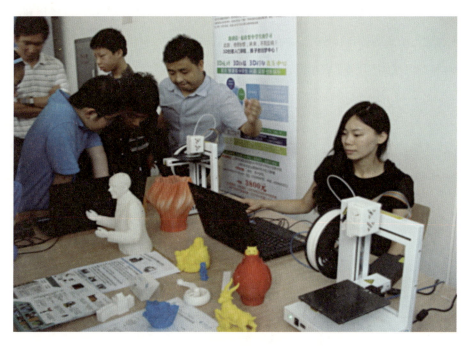

图1-7 在上海首届创客大赛上展示的3D打印作品

结合上述国情，各地科技、教育和科协等相关部门，相继举办了区域性"科学、技术和文化创意博览会"或"创客节"等体现新理念的大型科学教育、传播与普及活动，诸如儿童科学幻想画汇、公众小发明擂台、文化创意产品展、青少年科技创意竞赛、"创客"论坛等，吸引着区域内公众和青少年的广泛参与。

　　许多科学教师、科技辅导员和青少年家长也从中挖掘新思路，通过设计新颖的科学教育课程或活动：如基于Arduino开源电子原型平台的青少年创客培训课程或活动；让想象变为现实的Sketchup　3D制图和3D打印技术探索课程或活动；通过动手拼搭电子电路进行学习与实践的电子百拼科技竞赛活动；等等。这些独具特色的科学教育实践探索课程或活动通过传播创新文化，普及科学知识、方法和创新技能，为培养"青少年创客"打下了良好的基础。

　　剖析大众创业、万众创新的理念，我们可以找出其最重要的教育视角：从未来需要的创客来看，首先要具有创业创新的思想、精神和态度；其次，他们要具备创业创新所需要的知识、方法、技能和能力；最后，社会需要营造创业创新的良好环境，以及规划和完善创客成长所需要的最优路径。如此才能培养和造就出以科技产品创新为目标的创客群体，带动区域、社会乃至整个国家科技和经济的全面发展。

（翟立原、王禾青）

第二部分

青少年创客活动
工作案例

　　在青少年创客活动相关理论或理念的影响下，与之相应的实践活动在我国亦不断增多。其中，声势最大的当属各地中小学校和校外教育机构开展的形式多样的青少年创客活动。这些活动大多围绕中小学生核心素养的提升而展开，将青少年创客活动的开展与培养科技创新后备人才的目标相结合，体现出教育、科技、科协等主管部门对教育主渠道的导向作用。当然，在这些活动背后，也汇聚着众多教育、科技和互联网企业及青少年家长所形成的推动力。

　　梳理这些为培养未来具有创客潜质的青少年所开展的活动，我们看到了在上海市宝山区所呈现的典型工作案例。宝山区教育局所属的宝山区青少年科技指导站，规划设计了独具特色的宝山区青少年创客活动——《宝山区推进家庭创客三年行动计划 (2015—2017年)》。这一计划的执行主体是宝山区青少年科技指导站和区域内中小学校及幼儿园。该计划利用中小学及幼儿园的教育主渠道作用，以家校合作、学校与社区合作、校外教育机构与社会各界合作等方式，吸引全社会特别是家庭，直接参与培养未来需要的具有创客潜质的青少年。

该计划的核心是建设区域"家庭、校园（社区）和区少科站"三级创客空间，即"以'家庭创客空间'为家庭自造自创实践平台，'校园（社区）创客空间'为社团共造同创实践平台，'区少科站创客空间'为区域万众创新平台。"

该计划实施一年，在相关中小学和幼儿园的努力下，在诸多青少年家长的配合下，全区就已命名"家庭创客工作坊"80家和"家庭创娃玩具间"30家，发现了一批具有创客潜质的未来创新人才。与此同时，宝山区青少年科技指导站还加盟"上海创客教育联盟"，承办"上海创客教育联盟"研究会会议，承办"上海创客新星大赛暨嘉年华活动"等，协办"Arduino中文社区第三届开源硬件开发大赛"，以及组织区域内青少年、教师和家长分别参与上海市创客嘉年华、中国创客大赛常州站等创客大赛与论坛活动。

下面3个工作案例，则详细介绍了取得上述成果的指导思想、具体做法和典型经验。不言而喻，这些案例或许会成为其他区域组织和开展青少年创客活动的借鉴，其示范效应是不可低估的。

从共性化的科技教育向个性化延伸

——星辰科技幼儿园"家庭创娃行动"纪实

上海市宝山区星辰科技幼儿园是一所以科技教育为特色的幼儿园。在开展多年幼儿科技教育的过程中，幼儿园领导和教师始终有一些困惑。其中，最大的困惑就是如何在学前年龄段开展更多的个性化科学兴趣活动；如何融合幼儿园、家庭和社会资源为幼儿健康成长服务；如何让幼儿在学前年龄段初步养成科学兴趣并有一个持续发展的态势。2015年，宝山区青少年科技指导站在国内首创的"家庭创客行动"开展以来，园长和老师终于看到了一缕阳光，那种从幼儿园拓展到家庭，走向生活，释放个性的家庭创客活动，让孩子们有了不再受时空局限的亲子"动手玩科技"的互动平台。

"家庭创客行动"倡导在幼儿园的孩子创建家庭创娃玩具间，引导3—6岁的孩子们也可以和成人一样,拥有一个与自己年龄段生理、心理和智力特征相适宜的家庭创娃空间,并在家长引导下开展"动手玩科技"活动。幼儿园园长和老师根据宝山区"家庭创客行动"规划,依托幼儿园优质科技教育资源,鼓励幼儿家长因地制宜地创建富有特色的"家庭创娃玩具间",从而使幼儿园以共性化为特色的科技教育,延伸为体现个性化的"家庭创娃行动"的探索和实践。

(一)"家庭创娃玩具间"设施创建的三部曲

1. 典型启示: 榜样的力量是无穷的

在幼儿园开展"家庭创娃玩具间"活动初期,园领导和教师利用自身多年科技教育生涯积累的理论与实践经验,首先与园内孩子的家长谈天说地,了解孩子的喜好、了解家长的擅长和育儿观念,传送当下最前沿的家庭教育新方式,等等。创娃玩具间就在这样的"理念"启蒙下开始了。

不过,要让"家庭创娃玩具间"能够切实落地,具有说服力的示范案例是非常必要的。这时,通过教师收集到的姓赵的小朋友的"家庭经历"具有非常典型的意义。家长第一次带小朋友去锦江乐园游玩,回家之后她就对乐园内的摩天轮、云霄飞车、海盗船等念念不忘。一个偶然的机会,家长发现了LOZ梦幻游乐场系列电动积木,便萌发了把"游乐场"搬回家以满足孩子兴趣的想法,图2-1为赵姓小朋友和爸爸在家庭玩具间一起制作爬行机器人。

LOZ搭建积木是一套很有特色的玩具,以数十种标准部件为基础,通过卯榫连接的方式构建迷你游乐设施,并通过一个小小的马达带动整个设施,可以完成同真实游乐场设施一样的动作。家长把LOZ梦幻游乐场系列电动积木买回家后,开辟出室内一角,带领孩子从最基本的部件搭建做起,通过几个月的努力,完成了5个设施的搭建,分别是海盗船、摩天轮、八爪鱼、小缆车和云霄飞车。其中,云霄飞车属于大型玩具,共有778个部件,成品高度达1.75米。

通过每天从幼儿园放学后在家搭建LOZ积木,赵姓小朋友的创造力、动手能力、耐心和自信心都得到了提高。更可喜的是,她在上述过程中对观察事物、对动手制作的兴趣也越来越浓厚了。

图2-1 父女俩在家庭玩具间一起制作的爬行机器人

榜样的力量是无穷的。赵姓小朋友的这一典型案例,让园内许多孩子的家长看到了家庭创客行动的必要性和可行性,也让他们对自家打造"家庭创娃玩具间"开始有了初步的设想或潜在的设计思路。

2. 样板迁移:从幼儿园科学大世界到"家庭玩具间"

打造"家庭创娃玩具间",自然需要有一个能激发幼儿兴趣,满足其创想和操作的空间。虽然这无须有多大面积,但一定是一个内涵丰富的工作间,布置巧妙的小天地。为此,星辰科技幼儿园园长和老师带领家长走进园内的娃娃科学大世界等独具特色的"样板",让幼儿家长在走走看看中汲取灵感,寻找创建家庭玩具间的思路。

星辰科技幼儿园的"娃娃科学大世界",被老师和幼儿们亲切地称为"迷你科技馆"。在这里,幼儿们漫游在"生命科学、物质科学和地球与空间科学"的科学小游戏之中。"物质世界"里有体会光影交织魅力的"打哑谜",有共同探索水之奥秘的"玩水墙",还有让小朋友感知风力和风向的"屋顶上的鼓风机"等。在这里,幼儿们可以遨游于各种动植物标本的生命科学世界中,识别各种植物,观察各种昆虫标本。在这里,幼儿们能够静思于各种科学读本，专注于各种积木的搭建，欣赏老师、家长和幼儿们共同制作的火箭、小玩具等DIY小制作。图2-2为娃娃科学大世界的玩水墙的作品展示。

图2-2 娃娃科学大世界的玩水墙

如幼儿杨某某喜欢动脑筋，尤其爱好拼搭各类积木。在体验"娃娃科学大世界"的"玩水墙"时，触发了他的灵感。于是，他与孩子们一起在家里客厅一角的4平方米左右的空间，搭建了有"城市水管"特色的"玩具间"，配置了储物柜和游戏桌以及各类拼搭材料和器具。

应该指出的是，幼儿园老师依托科学大世界的"玩水墙"，主要是向幼儿进行共性化的科技教育，因为幼儿数量众多的局限，很难做到个性化施教。而杨姓小朋友的家长"迁移"于家的"城市水管"玩具间，则可以自如地对幼儿进行"个性化"教育。杨姓小朋友几乎每天都要花半小时左右的时间，兴趣盎然地对"城市管道"进行创意搭建。迷上"城市水管"铺设的杨姓小朋友不但完整了解到水处理的各个环节，还将自己搭建的"上水下水管道"制作成视频，为幼儿园师生做详细的演示和介绍（图2-3）。在这一过程中，杨姓小朋友不仅对科学产生了浓厚的兴趣，而且他的探索发现能力也得到了进一步的提高。

图2-3 杨姓小朋友在向幼儿们进行演示和讲解

3. 因地制宜：建设孩子所需的"家庭玩具间"

如何在家庭建设一个适合自己孩子的"创娃玩具间"？许多家长对这个问题一直感到思绪不清、无从下手或是难以取舍。

为此，幼儿园领导和老师通过座谈交流，引导家长切忌盲从，也不要追求"高大上"，而是实事求是，将"因地制宜"作为建设"家庭玩具间"的主要原则。她们告诫家长要从3个方面着手进行判断：一是了解自己孩子的兴趣爱好，以此为取向搭建适合其成长的"小天地"；二是梳理家长的兴趣爱好和特长，引导孩子传承家庭创新文化；三是对接幼儿园科技教育特色，形成幼儿园共性化教育与家庭个性化教育的互补。

于是，就有了幼儿园老师引导家长和孩子一起聊天、一起玩耍，以此了解孩子的需要和兴趣，然后带着孩子一起投入设计"家庭玩具间"。如一个姓陈的小朋友喜欢种植和观察花草，家长因势利导，和孩子一起将在阳台搭建的玩具间"变身"为小小园艺坊，让小小园艺坊成了孩子探索绿色奥秘的小世界。

幼儿园老师还鼓励家长发挥自身的兴趣、爱好与特长，引领孩子一起搭建和布置"家庭玩具间"。如幼儿张某某的家长擅长各种小实验，于是玩具间就成了家庭亲子的小小实验坊——这里有各种各样的实验材料，家长与孩子在小小实验坊里一起做小实验，去发现生活中无数"为什么"背后的小秘密。家庭玩具间成了孩子自主学科学、做科学的小世界。

（二）家庭创娃玩具间活动发展的三部曲

1. 人力资源：园长、老师和家长的共同主导

在"家庭创娃玩具间"活动中，接受"个性化教育"的幼儿，无疑是活动的主体。而担负具体活动过程指导的家长，担负整体活动业务指导的幼儿园老师，以及担负整体活动设计的幼儿园园长，都是"家庭创娃玩具间"活动的主导。实践表明，正是作为幼儿科技教育人力资源的幼儿园园长、老师和家长的共同主导，才保证了家庭创娃玩具间活动的不断发展。

需要明确的是，星辰科技幼儿园开展的"家庭创娃玩具间"活动，是教育机构为了实现幼儿共性化教育和个性化教育的融合，以家校合作的方式促进家庭开展个性化教育的尝试，因而宝山区"家庭创客行动"规划中要求园长是"家庭创娃玩具间"整体活动的设计者和引领者。

星辰科技幼儿园正是如此——园长结合幼儿园实际情况，在园级层面提出推进"家庭创娃行动"的理念、目标、思路、规划和计划，引领行动的开展和发展。同时，指导全园老师制订班级和学科领域与"家庭创娃玩具间"互动的计划与安排。另外，先行成立"家庭创娃玩具间"家长先锋队，在对全园家长和孩子擅长领域摸底的基础上，推荐10组家庭作为试点，成功后再通过线上线下交流向全园推广，树立典型，并以此主导整个"家庭创娃玩具间"活动的方向。图2-4为星辰科技幼儿园的老师们在研讨。

图2-4 星辰科技幼儿园的老师们在研讨

应该指出的是，幼儿园老师是承上启下的纽带和桥梁，是"家庭创娃玩具间"活动的业务主导。

首先，她们要将幼儿园的教育意图及时传播给广大家长，同时构建各自班级幼儿在园和在家学习的活动信息互动传递机制。如汤老师就经常把一些好的教育讯息或资料推荐给家长看，让他们借鉴并与孩子一起开拓在玩具间活动的思路。

其次，她们要开放及融合幼儿园与家庭创娃玩具间活动的"资料包"。

最后，她们在幼儿园班级和学科教育教学中，要鼓励幼儿展示在"家庭创娃玩具间"中形成的作品和成果。如幼儿张某某的家长就是在班主任老师的帮助下，结合幼儿园课程——"交通工具"，共同为张姓小朋友确立了以"小小设计师"为主题的家庭玩具间，并展示出其构建的一些以不同功能的车子、轮船和飞机为主的玩具。

家长在家庭创娃玩具间的小乐园里，是自己孩子活动的陪伴者、游戏的辅导者、材料的提供者和成长的鼓励者——更确切地说是"家庭创娃玩具间"具体活动的主导者。例如，管姓小朋友的家长，自孩子进幼儿园小班以来，就积极参与家庭创娃玩具间活动。在给孩子创设玩具小天地的同时，家长不仅经常与孩子一起收集选购各种玩具材料，还常常与孩子一起探索这是什么? 为什么会这样? 它是怎么做的? 在成为孩子活动参与者的同时，也引导并伴随着孩子的成长。

再如，王姓小朋友的家长将"玩具间"活动对接幼儿园教育，创设情境开展适合自己孩子的个性化教育。孙姓小朋友的家长则经常通过QQ把孩子在玩具间建设的布局和现场、孩子玩的场景和成果发给老师看，让老师给些建议，并据此不断完善对孩子的指导。

2. 信息资源: 搭建手机客户端线上线下的交流平台

在家庭创娃玩具间活动开展过程中，怎样为幼儿园老师和家长建立便捷的家园沟通渠道，如何为家长之间快速交流孩子成长的经验搭建平台，这是关系上述活动能否不断发展的信息资源建设问题。

为了让参与家庭创娃玩具间活动的幼儿家长有更多的机会交流和分享经验，或是在探索过程中相互答疑解惑，幼儿园领导和老师依托信息化手段，在初期鼓励家长们利用班级微信群进行交流，让本来自己和孩子独享的信息通过"播""晒"等形式，变成与其他家长和孩子的共享。随着园内幼儿家长参与家庭创娃玩具间活动人数的增多，可以容纳更多特定信息资源的家庭创娃手机客户端诞生了。

星辰科技幼儿园的家庭创娃手机客户端是一个线上线下互动的交流平台，也是一个家庭创娃个性化活动成果交流平台(图2-5)。它实现了"幼儿园与家庭"对上述活动内容、方式、经验和成果等信息资源的互动交流。家长们的一些交流热点，如何培养兴趣？如何鼓励孩子主动去做？线上线下的互动让各家的玩具间变得更充实了，不再仅仅是家长和自己孩子独乐的一线天，而是众多家长和孩子们共享快乐的群体大天地。

如一个姓胡的小朋友是一个喜欢思考、喜欢搭建并且具有创造力的幼儿。他的父母介绍说："孩子喜爱的乐高类玩具对他想象力和创造力的发展起了很大的作用。"简简单单的一个小空间，只要一张桌子一把椅子，胡姓小朋友就可以在这里静下心来，用心思考，小小的脑瓜里不断地有令人惊喜的小创意迸发出来。小小玩具间里经常会听到他

图2-5 幼儿园E家园手机客户端平台上列有创娃玩具间栏目

带有魔力的声音："磁力棒真好玩，爸爸，要不我们一起用磁力棒搭个城堡玩影子游戏吧！""瞧，这是什么？哇哦，原来是太空轨道！为什么轨道上的小钢珠一会儿走得慢，一会儿走得快？""太阳能？是来自太阳的能量吗？它的能量到底有多大，我好想见识一下！""明天又下雨啊，又不能出去玩了！妈妈，我以后要做个科学家，研究天气的变化，告诉大家什么时候下雨什么时候刮风。""水也能发动起重机？"那么多的问号让胡姓小朋友玩具间有做不完的"活"，玩不完的"东西"。面对孩子的快乐成长，他的父母非常愿意与其他家长一起分享，围绕孩子的兴趣、孩子的问题、孩子的动手探索等问题，并通过班级微信群、手机客户端，与其他家长和孩子们一起分享他们在玩具间里积累的信息与经验，通过线上线下让家长上传孩子的玩具间照片，并介绍创娃玩具间开展活动的一些经验和体会，进而幼儿园领导、教师、家长乃至孩子都可以进行互动分享和点赞。于是，借助这一交流平台，使家庭创娃玩具间成了孩子们链接友谊共筑梦想的小天地。

3. 活动资源：幼儿园与家庭玩具间活动的融合

人之初，性本动。喜好活动是幼儿的天性。现如今，幼儿快乐健康的可持续成长，离不开幼儿园、家庭和社会等各方面的合力教育。因此，要使家庭创娃玩具间活动焕发活力，确保幼儿对玩具间活动的持续兴趣和热情，将园内外活动资源整合是必不可少的。

于是，星辰科技幼儿园通过将园内外活动资源融合的方式，帮助家长推进家庭创娃玩具间的活动。园领导和老师们本着大课程观的理念，将家庭创娃玩具间的活动与幼儿园课程融合，与社会丰富的活动资源融合，让家庭创娃玩具间成为名副其实的家庭"个性化小课堂"。

星辰科技幼儿园通过组织开展"家庭创娃行动"，将园内外活动资源有效整合与共享，形成家庭、幼儿园和社会共同培育未来人才的创新文化环境与氛围。幼儿园尝试将家庭创娃玩具间与幼儿园科技节活动对接，与社会热点活动对接，与家庭和社区活动对接，进而释放幼儿好动爱玩、展示自我和喜欢探索的天性，促进其成长。

例如，在家庭玩具间与幼儿园科技节活动的融合中，科技节里的"亲子制作""亲子游戏""亲子擂台"等活动，让家长们也成了科技节的参与者。这着实让他们有了新的启示和发现：生活中这么多看似不起眼的材料都能让孩子们了解科学，他们会越玩越聪明的。于是，一些家长开始对家庭玩具间里的活动产生了新的视角。如由此诞生了"纸盒的秘密"活动，幼儿们在家长的带领下收集利用废旧的大小不同的纸盒，发挥想象力亲子共同制作小动物，每件作品都包涵了创造的火花与智慧的结晶，充分展示了自己的聪明才智。这让他们感受到了科技教育的奇妙和快乐。图2-6为一位小朋友在创娃嘉年华展示活动中展示自己的作品。

图2-6 一位小朋友在参加创娃嘉年华展示活动

再如，与社会热点活动的融合。2016年10月我国神州11号飞船成功发射后，幼儿们欢乐不已，他们急不可耐地想知道太空、载人飞船、火箭以及天宫二号如何对接等知识。在幼儿园领导和老师的引导下，广大家长与幼儿立足自己家庭的小小玩具间，针对这一热点活动收集材料并开展探索。幼儿们在家庭创娃玩具间这一小天地动手搭建航天飞行器，畅想未来航天之梦，开始在科技之路上迈步成长。图2-7为小创娃们在一起边搭建边讨论。

图2-7 小创娃们在一起边搭建边讨论

还有与各类家庭和社区活动的融合。如在每年植树节期间，幼儿和家长一起开启争做家庭园艺坊小创娃的活动，纷纷把在室内的小小玩具间延伸到了阳台或天井小花园等场所，开始了对植物生长、自然环保、生命教育、大气污染等内容的探索和实践。

"家庭创娃玩具间"活动的开展，为幼儿园共性化的科技教育注入了活力，亦为家庭教育寻找到了一种新的载体——为每一位幼儿提供了不可多得的个性化学习的平台。而上述共性化和个性化科技教育的融合发展，是当今科技、教育、经济和社会发展的需要，是培养未来社会所需"创客"的需要。我们相信，星辰科技幼儿园的探索，宝山区家庭创客行动的实践，对上海市乃至全国，有着不可估量的现实意义和深远影响。

（严建萍、翟立原）

校园科技创新教育融入家庭的实践

——宝林路第三小学"家庭创娃行动"纪实

上海市宝山区宝林路第三小学(简称"宝林三小")坐落在宝林五村内。该校环境布置别具特色,花树飘香,闹中取静,拥有一流的教学设施、优美的学习环境和优质的教学服务。这所曾名不见经传,进城务工人员随迁子女占75%的学校,近些年相继被命名为"家庭教育指导基地学校""科技教育特色示范学校"和"信息科技学科试点单位"。2015年开始,该校又积极参与上海市宝山区青少年科学技术指导站推进的"家庭创客行动",着力于家校共育,将校园科技创新教育融入家庭,为培养一批又一批小创客构建了新型的物质空间,营造出良好的校园和家庭创新文化氛围。

(一) 把学校科技创新教育的理念引入家庭

教育是培养人的活动,亦是使人社会化的过程。上海市宝山区宝林路第三小学在校长等相关领导的带领下,聚焦上海市教育综合改革,遵循宝山区建设"陶行知教育创新区"的重要思想,一直将"科技创新"作为学校优质发展的动力,倾全力打造集共性教育与个性教育于一体的科技创新教育体系。

2015年,为进一步传承与发扬上述教育理念,学校将"家校共育"与"科技创新"相结合,重点落实新教育形势下的青少年创客培养目标,结合宝山区青少年科技指导站规划的"家庭创客行动",精心设计出以"家庭创娃行动"为载体的个性化科技教育新活动。

需要指出的是,"家庭创娃行动"的产生源于学校长期以来的育人理念,其目的是把学校科技创新教育的理念引入家庭,引导更多学生以家庭个性化教育的方式参与到科技活动中来,把生活中的"创意"变成现实;让"家庭创客行动"对接校园科技创新教育,成为引领学校发展的新文化,形成新风尚;使科技创新成为一种可持续发展的潮流,让创新文化深入到每位学生的心中,让科技创作成为他们的一种自觉性,从而提升全体学生的科学素养和创新素养。

该校校长组织教师团队经过精心的教育设计，决定依托学校这一"主渠道"，通过家校合作，首批建设100个家庭创娃工作坊，这占到了全校学生所在家庭的20%。同时，建设并整合校园科技创新教育平台，包括学校"创客坊"、学校"创客"网络和相应"家庭创娃"活动课程。学校近期最终的目标是培养一支"三小百人小创娃"的科技创新型学生梯队；建设一支有科技兴趣爱好、乐于动手做、富于爱心的创娃家长志愿者队伍；建设一支有科技创新意识、科技探究能力和科技活动指导能力的专业师资梯队；将学校建设成宝山区"家庭创客行动"示范基地学校。

（二）使教师的高质量专业服务提供于家庭

"家庭创娃行动"的落实，人力资源无疑是最重要的因素之一。这其中，具有科技创新教育实施能力的宝林三小教师们，以自己的高质量专业服务，为家长和学生的参与以及家庭创娃工作坊的建设，提供了高质量的专业服务。

1. 以惠及家庭为目标的"三级培训"

为了让"家庭创娃行动"顺利开展，上海市宝山区宝林第三小学进行了以惠及家庭为目标的"三级培训"模式。

第一，"中层培训"：学校邀请了宝山区青少年科技指导站吴强站长来学校开展讲座，让学校相关部门主管通过培训认识到"家庭创客"的价值、教育属性和国内外发展现状，使大家能够科学聚焦宝山区推进的"家庭创客行动"。

第二，"教师培训"：在学校领导和相关部门主管的支持下，由通过精心策划的科技辅导员樊老师，对全校教师开展培训，公布"家庭创娃行动"的实施方案，与教师们共同商讨行动的具体步骤。这是保证教师能够以高质量专业服务于家庭的有效措施。

第三，"家庭培训"：由学校创客项目相关负责教师向参与行动的家庭培训，落实"家庭创客空间"的建设和"家庭创客活动"的开展进程。上述有效的培训为"家庭创娃行动"的成功开展打下了良好的基础。

2. 教师服务内容、技能和地点的多样化

为了使学生所在家庭创娃工作坊的活动能够持续地开展，除了家长的陪伴和引导

外，教师的科学指导至关重要。首先，教师服务的内容必然多元化。宝林三小在校园内建立了20多个工作坊，以便与家庭创娃工作坊实现——对接，例如，在校园的创客活动中，李老师负责的是"布衣坊"。每天上午她都抽空来到自己的"布衣坊"，忙着将制作的材料和设备进行合理分配，为学生们课间的活动提供方便。除了每周固定地组织学生参加校园创客活动外，李老师的工作中还有一件重要的事——创客相约。她会根据学生在家庭创娃工作坊制作的进度和作品的成效情况，安排与"小创客"单独见面，进行"面对面"的演示、点拨、改进和评价的过程，以优化其"创客行动"。因此，教师已从单纯的讲授服务转变为"创客教育"中不同科技领域的指导服务。

其次，教师服务的技能也必然多样化。这是因为，在传统的课堂教学中，教师只需展现出自身教学职业技能的一面。而教师作为"社会人"而具有的生活技能、个人才艺和兴趣爱好并不常展露于人前。但由于家庭创客行动的个性化教育属性，让不少教师"一技惊人"，如学校赵老师的编织技能，王老师的纸卷才艺，孙老师的航模天赋，魏老师的陶艺绝活等，都给学生做出了精彩的示范，"创客活动"真实释放出教师们丰富多彩的服务技能。图2-8为赵老师与家长、学生在兴趣盎然地参加编织坊活动。

图2-8 赵老师以精湛技能吸引了家长和学生参与编织坊活动

最后，服务地点也呈现多样化。学校的教师通过创客活动，不仅在校园指导学生，还来到学生家中进行"爱心辅导"。学校张老师在2016年暑假期间，走进了6个"创客家庭"，和学生们一起布置家中的"创客小天地"；一起利用布的材质、色彩、肌理等特征，进行大胆想象和创意设计；一起动手将思维与灵感用手中的艺术形式表达出来。

（三）将校园科技创新教育活动示范给家庭

既然是"家庭创娃行动"，自然离不开家庭的活动运作和家长的指导或支持，但考虑到与学校相比，家庭特别是家长对教育设计和教育实践的认知较少，因此校园科技创新教育活动的引领与示范，是帮助家长尽快参与到"家庭创娃行动"中的有益措施之一。

例如，学校以"快乐半日"活动中的少先队活动课为载体，成立一批"创娃坊"，让全校的学生参与到校园"创娃"行动中来，并以此作为"家庭创娃行动"的示范。这一活动示范从2016年底开始，首先以问卷调查的形式在家长、学生、老师中征集活动资源，了解现如今学生比较感兴趣的动手做活动。2017年2月开学后，学校根据教师的专业能力，开设了25个创客坊供全校学生选择，最后23个创客坊脱颖而出，如陶艺坊、创意绘画坊、航模坊、布艺坊等。在依托创客坊开展的课程活动中，不仅促进了学生兴趣爱好的自主选择和个性发展，还为"家庭创娃行动"在家庭的落地提供了样板。

另外，学校的科技探究课程——玩纸探学问（图2-9），其上课模式也向创客坊靠拢，即让学生在课程中动手、动脑，勇于实践、创新、解决问题，形成科技创新的爱好与特长，培养综合性和创造性

图2-9 给众多家长以启示的"玩纸探学问"课

解决问题的能力,并通过与"家庭创娃行动"对接,引领家长从学校科技创新教育活动中汲取经验,通过家校合作推动一批批"创客式"未来社会科技创新人才的持续成长。

"家庭创娃行动"后期的学校嘉年华活动也是一大示范亮点。基于不同创客工作坊活动的家庭相聚一堂,彼此交流着科技引领的魅力,互诉创作的灵感来源,展示各自的制作成果,回顾作品背后的"心路成长"等。学生们走到了台前,教师、家长与学生同台相伴。学生们信心满满地将自己的作品呈现出来,有美丽的编织品、精致的航模品、创意的生活画、个性的陶艺品、美丽的纸藤花、灵巧的布衣饰品,作品琳琅满目。而亲身经历后的交流也让更多家庭感同身受,学校搭建的科技教育创新活动平台,起到了让学生和家长相互学习与借鉴的作用。

(四) 让典型案例助推"家庭创娃行动"持续发展

在学校科技创新教育理念、教师专业服务和示范活动的引领下,上海市宝山区宝林路第三小学学生所在家庭中的一些先行者,通过自身的努力实践,已使"家庭创娃行动"在自己家庭的土壤中根植发展,甚至迸发出了异常精彩的火花。学校领导依据上述典型案例,不失时机地向广大学生所在家庭进行宣传、讲述和展示,促使"家庭创娃行动"向深度和广度发展。

例如,在学校陶艺小创客们中,吴同学是一名令人记忆深刻的四年级学生。在沙龙活动中,他拿出的作品往往以"同一款式造型多样"的特点引人注目,令大家惊叹。但回想他第一次参加沙龙活动时,展示的陶制花瓶品质参差不齐,别人对他的作品也是不予正视。吴同学却在一旁继续努力,不厌其烦地总结并改善自己的制作方式,图2-10为吴同学在心无旁骛地做陶艺。原本大家心目中的调皮学生现在已完全变了样,他的母亲现在更是不遗余力地支持他磨炼陶艺手艺。吴同学母亲说道,她原本并不看好孩子在课业以外的事物上花费精力。可自从孩子在陶艺上找到了自己的兴趣,为了能够继续陶艺制作,孩子在课业方面更加勤恳,以此来换取母亲对自己兴趣发展的支持。母亲则借此机遇塑造孩子课内学习与课外活动协调发展的能力,以及科学合理安排事务的处事态度,真正让"家庭创客行动"发挥出其家庭育娃的作用。

图2-10 吴同学做陶艺时总是心无旁骛

吴同学的家庭只是在众多借力"家庭创娃行动"中萌发成长的家庭之一。"家庭创娃行动"的理念虽是由学校提出，但在其发展过程中家庭才是起到关键性作用的因素。新兴的"家庭创客行动"理念进入家庭，是需要磨合过程的。学生的兴趣往往是浓厚的，但同时也需要家长的理解和支持。家长不再抗拒课业外的事物成为孩子的兴趣，即教育观念的转变，很大程度上便会成为学校创娃行动持续发展的支持者，帮助学校创娃行动向着更加长远、扎实的方向推进。

在学校这个社会性融合特征极强的团体中，典型案例的辐射反应所产生的作用是不可估量的。"家庭创娃行动"的发展也正是如此——闻见吴同学的改变，班级同学及家长都开始关注到创娃行动。在吴同学及其家庭的积极影响下，更多学生所在的家庭开始积极参与"家庭创娃行动"。起初只是简单效仿，但当校园科技创新教育理念和创客空间进入家庭后，家长们开始结合自己家庭的实际情况转变教育和培养方式。其产生的创客效应更是出乎意料。

此外，为了促进典型案例的宣传、讲述和展示，学校还通过微信群为"志同道合"的创客家庭搭建了"圈子"，通过开设主题论坛、问题的探讨、成果的展示等环节，让典型案例深入人心。同时，也让创客们有了自己操作和分享的"创客e空间"。

更多的参与则意味着更多思想的碰撞，更多的碰撞也便会带来更多的思考和收益。家庭创娃行动的覆盖面的扩大，预示着该行动的持续推进和不断完善。更多的家庭成为学校创娃行动的"种子"，学校的科技创新教育理念和设计便会得到更多的"滋养"，向着共性教育和个性教育融合的、更加茁壮的方向发展。

实践表明，2015年启动的"家庭创娃行动"给学校、家庭和学生都带来了福祉。美丽的梦想在创客的小天地里绽放，创意的生活在家庭中盛行，智慧的传递在人际之间发生。这场创客精神与教育、创客精神与传承、创客精神与内心的碰撞火花，还将在上海市宝山区宝林路第三小学的"创客文化"中不断蔓延，不管是设计者、制作者抑或观赏者，都将一同期待、一同行动、一同丰收。

（严 青、翟立原）

助推家庭创客成长

—— 上海宝山纪实

2015年全国"两会"的政府工作报告指出要把"大众创业、万众创新"打造成推动中国经济继续前行的"双引擎"之一。与此同时，上海、深圳等中华大地涌动的"创客风潮"，加速推开了互联网与制造业融合发展的新工业革命大门，引领大众创业万众创新时代的到来。为迎接这一新浪潮的到来，培养具有创客潜质的青少年后备人才成为当务之急。

家庭是社会最基础的单元，青少年参与创客活动，离不开家庭的培育。纵观欧美许多发达国家的家庭，大都有工作间。这些位于车库、地下室里的工作间，不仅是父母维护汽车、整修居室的操作间，也是青少年初识科学技术的体验平台。在这些看似平常的家庭一角，却成长出一代又一代的科学、技术和工程人才。

如今，在世界银行向全球推荐的拥有最好教育水平的上海市，其所属的宝山区首创的与欧美国家相似却又独具特色的"家庭创客行动"，正在申城勃然兴起，并以可贵的尝试，表明家庭是创客成长的摇篮，创客培养要从娃娃抓起。

（一）构建简约实用的家庭创客空间

上海市行知中学的贾同学十分喜欢化学，他在家中设置的创客空间俨然就是个"迷你实验室"（图2-11）。这间"家庭迷你实验室"位于客厅的一角，占地约10平方米。该区域里放置着一张淘来的旧书桌，上面摆放着些许小型化学器皿，如烧杯、滴管等。书桌的左侧是两辆可移动的带3层搁板的小车，上面罗列着各类化学药品与试剂；书桌的右侧紧贴墙摆放着两个1.8米高的试剂药品柜，瓶瓶罐罐都收纳其中。从16岁起，贾同学为了做研究，就创建了自己的家庭创客空间——各种化学仪器设备一应俱全，若不是客厅墙面上挂着的几幅雅致的山水画，还真让人以为置身于化学实验室中呢。

宝山实验学校的郭同学从小迷上了电子电工学，这个邻居眼里的"小电工"在自己房间一角，开辟出了一个"创客电子实验工作坊"，一有时间就在里面做实验。与此同时，他还在优酷视频上开设了自己的工作室，让更多的同龄人可以与他一起分享电子电工实

图2-11 贾同学创建的家庭迷你实验室

验的乐趣。

宝山区实验小学杨同学，则在家中客厅的一角创建了自己的"3D打印工作坊"。这个工作坊面积约5平方米，有一个书架、一张长桌、一个移动工作柜和一张小方桌。在小方桌上摆放着一台"磐纹F1"3D打印机，移动工作柜既是工作台也是备用耗材库，一台电脑位于长桌左侧。在长桌右侧墙上是多孔板工具架，一些常用工具就置于其上。在工具架上面是横条货架，打印完的一些作品就陈列在上面。杨同学的工作坊是在家长的监护下，自己布局，自己组装，自己摆放完成的。这个小天地从此便成了她的专属创作空间。

彩虹幼儿园的一位姓陈的小朋友家里有一个创意玩具间，包括两个桌面组成的一个"L"型台面，其中一个台面作为大型创作的平台以及收纳雪花片、磁力棒等拼插玩具和大型轨道的空间，另一个台面则用来摆放乐高零件墙和展示已完成的作品。乐高零件墙从最初的18个抽屉发展到现在的72个抽屉，绝大部分的抽屉都内置了8个内分隔，按照零件的使用频度、类型、形状和颜色进行分类，陈同学自己担当了零件墙的日常维护工作。

虽然无法与欧美一些家庭的车库工作间相比，但这些各具特色的家庭工作间简约实用，成为了上述宝山区中小学生喜爱的"创客空间"的一部分。他们在这里探秘科学，钻研技术，熟悉工程，将萌发的创意付诸实践。工欲善其事，必先利其器。实践表明，要让中小学生走上创客之路，具有一定物质基础的家庭创客空间的打造，不能不说是必要条件之一。

（二）家长是直接或间接助推者

宝山实验学校的郭同学是邻居们眼中的"热心小电工"，5岁时他就跟着曾任工程师的爷爷东看看西问问。有一次他突然好奇地问，为什么日光灯总是先闪后亮？爷爷想了想后说，那你干脆拆开来弄个明白吧！这一下激起了小家伙的研究欲望。正是在爷爷的帮助和引导下，郭同学在自己家里的"电子实验工作坊"中，开始了自己的创客生涯。

在家里尝试实验和探究对孩子学习成绩有帮助吗？许多父母对此疑虑重重并最终给出了否定答案。但上海市行知中学的贾同学的父母却有不同的做法：贾同学第一次在家里做实验是为了观察"几种物体在氧气中燃烧的现象"，父母得知后对此并没有制止反而予以赞扬与鼓励。这不仅保护了孩子的好奇心和兴趣点，最终还让孩子养成了良好的学习习惯，能进行自主学习。正是这种开明、不带偏见的"支持"，使贾同学从小就能够自由地安排自己的课余"创客"生活。

在一次参观宝山区青少年科技指导站的创客空间时，宝山区实验小学的杨同学第一次看到了真实的3D打印机。看着通过Sketchup软件绘出3D图的卡通造型被3D打印机"塑造"出"真身"来，她心想："好神奇啊！要是我也有一台就好了！"正是看到了孩子的这个兴趣，杨同学的父母决定建立家庭创客3D打印坊，为孩子在家里尽情创新营造一个适宜的小天地。这份来自家长的支持进一步促进了孩子创新精神和实践能力的培养。图2-12为杨同学与父亲在家庭创客3D打印坊一起探究。

宝山区彩虹幼儿园的一位姓陈的小朋友从家长那里更是"受益匪浅"，在10个月大的时候，父母就结合其兴趣所在教会了他如何开启瓶盖，并通过练习使其拥有了较强的指端精细动作能力。陈姓小朋友两岁半的时候，父母又指导他从乐高得宝的大颗粒过渡

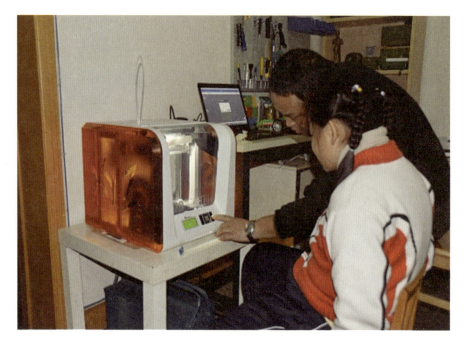

图2-12 杨同学与父亲在家庭创客3D打印坊一起探究

到了乐高小颗粒，进一步锻炼其动手能力。而在陈姓小朋友5岁的时候，父母又为他引入了乐高学前教育机器人wedo 2.0，他很快就能运用预置模块控制马达，对自己的作品进行诸如发声、行进、转弯、倒退、速度、单循环、多循环等的简单操控。陈姓小朋友的父母还从乐高延伸出去，鼓励他创新和自由创作，比如用铝丝制作简单的微景观，用扭扭棒制作大型的飞龙场景，用乐高和废纸及弹珠设置简单的哥德堡场景，等等。

家长往往是孩子的首任教师，家长科学素质的高低，自然会影响到孩子相应素质的开发。实践表明，家庭小创客的出现和成长，与家长的直接支持或间接支持密切相关。因此，我们希望能有越来越多的家长，为自己孩子创新精神和实践能力的培养，在家里开辟一片新天地。

（三）兴趣是家庭小创客成长的原动力

兴趣是最好的老师，亦是家庭小创客成长的原动力。他（她）们在好奇心的驱使下，依托家庭的"创客空间"作为出色的"载体"，通过实验探索或创意制作，将其所蕴含的科技信息与环境相互作用，不仅尝到了解决问题的乐趣，彰显了自身科技知识、技能，方法和态度的长进，更使其"迷"上了科技，愿意做一个名副其实的科技小创客。

例如，上海市行知中学的贾同学的兴趣点集中于利用科技解决生活中的不便问题。他时常利用日常生活中的材料设计实验：如采用活性炭等净化方法，探究植物对空气中甲醛的净化作用；从文献资料中了解香茅植物可以驱蚊，便在家中利用相关材料自己配制驱蚊药；帮助家人配置可洗掉难溶污渍的清洁剂，等等。只要产生疑惑立即动手探究，获得实验结果的同时也给自己带来乐趣，思维也变得更为活跃了。

建立家庭创客工作坊，着实让贾同学比其他同学收获了更多的创意灵感与实践技能，并促使他在学校里创办了"怡然化学社"，组织了丰富多彩的社团兴趣活动。而这种兴趣又在不断积累中升华为志趣，激励他在第25届"天原杯"全国初中学生化学素质和实验能力竞赛中取得二等奖，在上海市青少年"白猫杯"应用化学与技能竞赛初中组获得三等奖，以及在上海市青少年"白猫杯"生活中化学知识竞赛中学组获得一等奖的好成绩。最终，贾同学在第29届全国化学奥林匹克比赛中获得银牌，取得复旦大学自主招生的资格，并以511分的高考成绩被复旦大学录至自然科学系，实现了自身在小创客道路上的飞跃。

从小对科学感兴趣的宝山实验学校的郭同学，一有时间就会痴迷在自己的"创客电子实验工作坊"里面做实验。看看这台既没有压缩机也不使用氟利昂的环保冰箱，它依靠半导体散热技术，只需短短5分钟，就能将常温的白开水变成冰水。再浏览DIY大功率2.1声道功放机，以及用微波炉变压器改装成的电焊机，这些创客作品都凝聚着郭同学的实践、探索与努力，也使他因此当选为宝山区青少年科学研究院副院长。

其实在家庭3D打印坊里，孩子们不仅可以尝试把自己的所想变成现实，还可以真正解决生活中的实际问题。有一次宝山实验小学的杨同学的竖笛头找不到了，她想："这个东西我能不能打印一个呢？"带着这个想法，她不知疲倦地寻访同类产品，测量尺寸，研究共鸣腔结构，经过8次打印试验后终于做出了可以吹出乐音的竖笛头。还有一次，杨同学家的汽车内储物盒的开关锁扣环坏了，好奇心驱使她开始对锁扣环进行设计，几经周折终于打印制作出了可替代的锁扣环。这个零件如果去4S店修的话可要好几百块钱哦！随着设计制作的作品越来越多，杨同学还在3D One社区里建了空间，当第一个作品发布成功并获得网友点赞时，成功让她开心极了！

从此每天只要做完作业一有时间，杨同学就打开3D One软件，上3D One社区发布作品，既看自己的作品有没有被点赞，也学习别人是如何画图创作的。现在她已经有了1500个创意值，1000多人的访问量，还有多个作品入选了优秀作品库，并荣获了"校园创客"的称号。在第一届上海创客新星大赛中，杨同学的作品荣获三等奖。在第二届上海创客新星大赛中，她的作品又荣获了一等奖一项，二等奖一项。

一个偶然的机会，彩虹幼儿园的陈姓小朋友参加了学宝天地的乐高搭建比赛，参赛方在将信将疑的情况下，让这个从周岁就开始练习动手技能的孩子破格参加了8—12岁年龄段的比赛，本应该拿到小组第一的陈姓小朋友因为紧张掉件，同时也装错一处，拿到了小组第二。图2-13为痴迷于乐高搭建的陈姓小朋友。

图2-13 痴迷于乐高搭建的陈姓小朋友

从小套组搭建到大套组搭建，从简单的城市系列到略复杂的创意系列直至较难的机械系列和机器人，从不到100粒的小套到超过700粒的大套，从家人协助找件、分件，到DIY作品时自己备件配色直至完成作品，兴趣盎然的他已然养成了良好的操作习惯，乐高的建构水平也基本等同于一个10岁的孩子。

在宝山区青少年科技指导站举办的创客嘉年华活动中，陈姓小朋友参加了"我的桌椅3D打印制作比赛"，以铝丝基础辅助3D打印饰面获得了区级一等奖的好成绩，他还参加了市级比赛，获得了优胜奖。

知之者不如好之者，好之者不如乐之者。兴趣是维系青少年参与创客活动的最主要因素之一。正是在兴趣的驱使下，上述家庭小创客将其头脑中的创意萌芽，凝聚于自己的手指尖，呈现出一件件令人惊叹的"作品"。而通过上述过程，他们领略到科学的真谛，品味着工匠的技艺，展现出创造的才能，享受了成功的喜悦——他们沿着小创客的道路一步一步成长起来。

（四） 营造家庭创客成长的大环境

家庭是社会的最小单元，家庭创客的成长，除了需要家长直接或间接的推动，以及孩子自身的兴趣与其他心理品质的内化外，幼儿园、中小学校、社区乃至整个社会营造的良好环境，更是不可或缺。这其中，尤以各级教育主管部门及其所属教育机构打造的"主渠道"更具引领作用。

纵观上海市宝山区家庭创客的成长与发展，直接得益于区教育主管部门的领导，以及宝山区青少年科技指导站的具体推进。从2015年开始，在区教育局的部署下，宝山区青少年科技指导站制定了《宝山区推进家庭创客三年行动计划（2015—2017年）》及年度工作计划。该计划提出，建设区域"家庭、学校（社区）和区少科站"三级梯层创客空间体系，构建互动平台，以"家庭创客空间"为家庭自造平台，"学校（社区）创客空间"为社区众创平台，"区少科站创客空间"为区域众创平台，为广大创客提供多样化的选择与需求。

宝山区青少年科技指导站站长吴强为营造上述"大环境"的观点做了这样的说明：第一，"创客'不是被教育出来的'，而是在一种或多种适合的文化/物质环境和氛围中

'自然而然'孕育的,'自成长'为未来各行各业的'创客式'人才。"第二,"以人为本,从创客可持续成长的视角,以家庭创客行动为抓手,以文化的方式,着力营造适合青少年创客'自成长'的文化/物质环境与氛围。"实践表明,宝山区青少年科技指导站正在努力探索如何将上述描述一步步变为现实。

1. 为家庭创客空间建设营造良好环境

2016年7月,宝山区青少年科学技术指导站和区青少年科普促进会主办,上海XX文化发展有限公司等承办的"科普在社区 科普进家庭"暨家庭创客嘉年华活动在庙行实验学校隆重举行。来自上海市各区县的广大家庭创客、学校师生、社区居民等3600余人,顶着炎炎夏日从四面八方赶来参加活动(图2-14)。活动现场最吸引人眼球的是家庭创客空间"样板房"展示。

图2-14 2016年宝山区"科普在社区 科普进家庭"创客嘉年华活动

活动展出的有适合3—5岁幼儿的家庭创娃玩具间,有中小学生喜爱的家庭创客电子坊、家庭创客模型坊和家庭创客3D打印坊,还有各具特色的家庭创客木艺坊、家庭创客陶艺坊、家庭创客工艺坊、家庭创客园艺坊等,真是令人眼界大开。许多家长表示,看了现场展示，让他们了解了如何因地制宜地利用"房间一角，如阳台、客厅、书房、阁楼等，或车库、地下室等单独空间"等，建设适合孩子开展家庭创客活动的空间，真是不虚此行呀！而这也正是宝山区青少年科学技术指导站组织此次活动的主要目的之——为家庭创客空间建设提供搭建交流平台，并提供典型示范。

实际上，仅在2015年，宝山区青少年科技指导站通过探索"家庭创客空间与文化氛围"建设，命名了110个"家庭创客空间"（包括80个"家庭创客工作坊"及30个"家庭创娃玩具间"）。同时，宝山区青少年科技指导站还通过"家庭创客奖励"机制，以"积分"换奖品（器材、设备、培训等）的形式，鼓励广大家庭创建"家庭创客空间"，为促进区域家庭创客空间的建设，营造了良好的激励氛围。

2. 为家庭创客相互学习和交流营造良好环境

家庭创客的成长，除了自身的学习和领悟外，还需要在社会良好环境中进行人际或代际的交流，这种交流有益于知识的传承、方法的传播、技能的传授和精神的升华。宝山区青少年科技指导站正是据此考虑，为区域家庭创客搭建了信息交流平台和活动展示平台。

2016年12月12日，近60个园艺创客家庭齐聚宝山实验学校，以"家庭创客园艺坊　绿色生活新体验"为主题的"宝山实验杯"家庭创客园艺坊嘉年华（阳台主题系列）隆重开幕。上海市宝山区第三中心小学的沈同学以自己设计的家庭"迷你立体花园"展示了品种丰富的多肉类植物，并借助宝山区青少年科技指导站搭建的这一活动平台，和其他把关爱自然界植物的梦想变为现实的小创客们一起，共同交流分享，相互取长补短。

2017年2月25日，第38届世界头脑奥林匹克中国区决赛暨宝山区家庭创客嘉年华活动在上海大学附属中学隆重举行。此次活动以"赛事+嘉年华"之"赛游结合"的模式展开，从而营造"人人皆可创新，创新惠及人人"的社会氛围。罗泾镇社区创新屋以"创新，放飞梦想"为口号，携"民俗特色版画"体验项目积极参展，富有创意与趣味的互动体验受到了家庭创客们的热情体验与一致好评。

宝山区青少年科技指导站还加盟了"上海创客教育联盟"，承办了首届"上海创客新星大赛暨嘉年华活动"，协办"Arduino中文社区第三届开源硬件开发大赛"，参与上海市创客嘉年华、中国创客大赛常州站等创客大赛等，为区域家庭创客搭建了良好的活动展示交流平台。

为了促进区域家庭创客的信息交流，宝山区青少年科技指导站还全力建设"家庭创客行动"微信公众平台。从"人、事、物"三个维度，开设"创客乐园""创客论坛""会员专区"3个一级栏目，20多个二级、三级栏目，实现了线上线下互动互联，受到了广大家庭创客的欢迎和一致好评。

按照规划，宝山区在"十三五"期间，将鼓励本区16万中小幼学生中的5%—10%的学生家庭创建"家庭创客空间与文化氛围"，2016年至少发展500个，2017年达学生数的2.5%，2018年达5%，2019年达7.5%，2020年达10000个家庭创客空间。作为上海市教育综合改革的探索方向之一，"家庭创客行动"将不断深入落实中央"大众创业、万众创新"的精神，鼓励广大家庭营造有益于创客成长的生活方式与教育文化，以家庭为创客可持续成长的摇篮，为中国社会化创客运动夯实创新基础并营造文化氛围。

（吴 强、翟立原）

第三部分
让青少年重点体验
"制作"的教与学案例

就青少年创客活动而言，其主体是青少年。这也就是说，青少年作为创客活动的主宰，他们自己应该也必须发现身边学习、周围生活乃至社会方方面面中的不便之处，尝试运用科技手段，发挥自己的创意，自主设计、制作，形成具有创新性、科学性和实用性的产品或其他成果，通过共同分享促进群体活动的升华、科技的发展和社会的进步。

真正意义上的创客在我国少之又少，青少年创客活动亦刚刚起步，缺少示范样板导致青少年还难以自主把握创客活动的组织和开展。因此，中小学校、幼儿园和校外教育机构的教师、科技辅导员和青少年家长的介入是不可或缺的。具体而言，为青少年参与创客活动提供设计科学、实施便捷和效果显著的教与学系列活动，是必不可少的。

下面介绍的教与学系列活动案例，体现了京沪深等城市一些科学教师、科技辅导员和青少年家长的智慧和创意。这部分教与学系列活动案例，主要分为两类：一类是让青少年重点体验"制作"的教与学案例，另一类是让青少年重点体验"创意"的教与学案例。实践表明，它们对具有创客潜质青少年的培养，都具有不可替代的促进作用。

就创客的特质而言，追求创新、善于制造和乐于分享是最显著的三个要素。但就青少年创客的成长而言，善于制造应是基础，这涵盖了熟练使用各种工具（包括数字工具），掌握通用的制作技术和技巧。因此，在青少年创客活动中，我们把青少年的"制造"能力培养，作为"初级创客"的最主要衡量标准之一。为培养青少年的"制造"能力，我们推出了11个让青少年体验"制作"的教与学案例，一并再次展示。

这里需要指出的是，要使青少年熟练使用各种工具（包括数字工具），掌握通用的制作技术和技巧，就需要营造良好的物质环境，诸如，创客空间、工作坊或科技类实验室和工作室。考虑到现在中小学校、社区和校外机构普遍存在的科学工作室，我们将其依据活动领域分为综合或专项科学工作室。

如工作室的活动领域，主要包括科学领域和工程技术领域，因此就可建设综合的科学工作室和工程技术工作室。科学领域除可分为综合科学领域和单一学科领域，诸如信息科学、物质科学、生命科学、地球与环境科学领域等；工程技术领域则可分为综合工程技术领域和专项工程技术领域，诸如航空模型、航海模型、车辆模型、机器人搭建和3D打印领域等。因此，还可建设单一学科工作室，诸如应用化学工作室，以及专项工程技术工作室，诸如数字加工工作室等。

依托上述各类科学工作室，中小学校、社区和校外机构可以为青少年创客活动的开展，提供良好的设施、工具和场所。一些有条件的家庭，亦可参照上述分类和案例中介绍的设施配置，结合青少年的具体爱好和兴趣，在家庭的一角构建相应的"家庭工具间""工作坊"或"实验间"，并参照所介绍的案例为孩子引入培养"制作"能力的教与学活动。

另外还要指出的是，这里所说的教与学，既有教师、科技辅导员和家长对青少年的"教"，还有青少年之间的"教"——相互分享。以后随着具有创客潜质青少年的成长，将有可能发展成青少年对教师、科技辅导员和家长的"教"。"教"作为一种能力，也会逐步成为衡量青少年创客的标准之一。

下面，将具体介绍11个让青少年体验"制作"的教与学案例。

机器人（乐高）搭建工作室配置及典型活动案例

机器人是具有一定智能并可以自动完成相关工作的特定装置。之所以称为机器人，是因为这种机器装置像人一样，具有一定形状的"身体"；亦有控制其自身的"大脑"，还可以展现出一定的行为"动作"。在生活、生产和社会其他领域中，青少年都可以看到各种各样的机器人，如宾馆酒店里的自动售货机、大街上的交通信号灯装置、银行里的自助存取款机、工厂里生产线上的机械手、用于空中摄影的无人机，以及探海机器人、扫地机器人和踢足球机器人等。当然，对青少年而言，通过参与一系列的科学工作，自己制造出一个机器人，也并不是什么难事。

机器人工作室，就是一个能展现青少年想象力、创造力、合作能力、学习乐趣与获取与机器人相关科学知识、技能和方法的开放空间。它可以让青少年通过参与制造机器人的活动，培养他们的科学兴趣、创新精神和解决问题的实际能力。我们这里所说的机器人工作室，因使用的是乐高机器人教学用书和相应的系列教材，所以又称为乐高机器人工作室。

来自童话王国丹麦的乐高教育，有着经80年优化发展并通过欧洲严格环保测试的LEGO技术教育器材，有着30年创新教学研究的历史。乐高公司产品被列入改变世界的100项发明之一，在120多个国家及地区广泛推广。乐高机器人工作室采用全套乐高公司的标准机器人教学器材，并依托有丰富教学经验的科技辅导员进行指导，通过组织开展充满创造力和有趣的主题活动，使5—12岁的青少年能够以机器人为聚焦点，循序渐进地从接触世界到探索世界，逐步全方位了解世界，进而成为未来改变世界的人。

就机器人工作室的活动而言，主要包括非编程机器人搭建（指机器人的控制程序已经编好并储存在单片机内，操纵者不能更改程序，只能改变机器人的外观设计）；遥控机器人搭建（指操纵者通过无线或有线的方式发出命令，来控制机器人完成任务）；编程机器人搭建（指操纵者编写控制程序输入机器人，由机器人自动完成任务诸如足球、篮球、灭火机器人的搭建）。乐高机器人工作室的活动主要是上述第三种类型，即以编程机器人搭建为主。

（一）活动目标

一般来说，机器人工作室的活动目标，主要是使青少年接触机器人技术，了解与机器人工作相关的机械、电子和计算机原理及相关知识；破除青少年对机器人的神秘感，培养他们对机器人工程技术的兴趣；让青少年学会机器人模块的搭建，掌握机器人控制程序的编程和调试，熟悉机器人的操作控制；激发青少年的创造性想象力和创造欲望，提高他们解决问题的能力和团队合作的能力。

具体到乐高机器人工作室的活动目标，主要是使青少年掌握常用的机械原理，熟练运用各种传感器完成主体活动，通过机器人图形化编程技术编写机器人运行程序，并亲自动手完成制作和调试，以及尝试对机器人进行控制和改进，从而真正体验到实践与创新成功后的喜悦和兴奋。

（二）场地设施条件

1. 场地条件

具备可无偿使用，实用面积为60—80平方米的固定活动场所，以及开展活动必需的基础条件（桌椅、活动器材存放柜、电源接口、应急设施等）。

2. 设施条件（30万元）

(1) 科技辅导员专用设施

台式计算机、投影仪及投影屏幕。

(2) 青少年专用设施

乐高9797活动套材12套、台式计算机12台。

(3) 工作室辅助设施

置物箱、设备转运箱、吸尘器、展柜、货架、网络多媒体等。

（三）人员配备条件

配备1名具有一定管理经验的专（兼）职管理人员和1名专（兼）职科技辅导员，建立

3人以上科技辅导员志愿者队伍。

（四）容纳青少年数量

可同时容纳12名青少年参与工作室内的活动。

（五）开放时间

每月不少于16天。

（六）活动内容

1.技术与设计概念（诸如资源、能源、技术系统、控制技术、创新思维、设计技巧、审美、制作技术和交流技术等）的认知。

2.利用乐高活动套材，让青少年熟悉机器人控制器（可编程主机）、动力源（电动机）、传感器（光电传感器、声音传感器、温度传感器压力传感器）、机械部分（齿轮、轮轴、横梁、插销）等结构及其功能，并尝试进行能按指令行动的机器人的搭建。

3.开展创意训练，就像玩传统的乐高积木一样，通过青少年自由发挥创意，拼凑各种机器人模型，而且可以让它真的动起来，能够完成一定的任务。

（七）活动形式

展示、培训、竞赛、个人或小组体验及探究等。

附：制作一个会打高尔夫球的机器人活动案例

一、活动名称： 制作一个会打高尔夫球的机器人。

二、活动目的： ①学习伺服电机的使用；②学习顺序、等待命令的正确用法。

三、活动目标： ①设计一个打高尔夫球的运动员；②可以正确击打高尔夫球。

四、活动人数： 约12人。

五、活动所需器材

乐高9797活动套材12套、台式电脑12台。

六、活动内容

1.利用给定的"乐高9797活动套材"，制作一个打高尔夫球的装置。

2.完成装置的制作后,利用图形化软件编写一个能正确击打高尔夫球的程序。

七、活动过程

1.培训学习

(1) 培训青少年学会使用图形化软件编程。视觉信息是人们最便于接受和理解的信息表示形式之一,图形化软件正是依托图形的生成、表示和操作,把人们想要让机器人做的事情用程序表达出来。在图形化编程软件中,用"图标"代替了"文本指令",青少年编程者只需调用"图标",然后通过"连线"规定数据的流向即可。整个编程工作如同在画程序框图,既简单明了又生动有趣。

(2) 培训青少年学会看懂零件装配图。乐高机器人零件主要包括梁、连杆、片、砖、轴、轴套、销、连接器、齿轮等,其中每种零件又有不同的规格,如"梁"中有1×4(水平方向4单位长,垂直方向1单位长)绿色的梁、黑色直角梁、黄色拐角梁、5孔灰色平梁(有5个孔但无凸点的灰色梁)等。

在识别和熟悉上述零件的基础上,即可让青少年学习看懂零件装配图,重点是如何通过画在平面上的图形想象出零件完整的立体结构和空间形状,快速确定零件的尺寸大小和规格,以及零件之间连接的技术要求等。

2.尝试制作

学会看懂零件图后,即可指导青少年按图中所示零件之间的相互连接,尝试制作,一步一步整体安装完成(大约40分钟)。

具体步骤如下:

(1) 首先从"乐高9797活动套材"挑选出所需材料(图3-1):NXT控制器1个,伺服电机1个,连接线1根,蓝色球1个,直角灰色连接销4个,双排灰色连接销2个,15单位无突点梁5根,9单位无突点梁2根,5单位无突点梁2根,3单位无突点梁1根,3×5(水平方向5单位长,垂直方向3单位长)直角梁2根,长连接销4个,短连接销8个,轴连接销2个,连轴器2个,3单位轴1根。

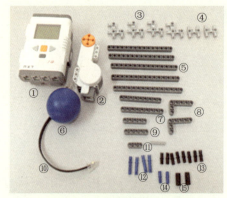

①NXT控制器1个；　　　　②伺服电机1个；

③直角灰色连接销4个；　　④双排灰色连接销2个；

⑤15单位无突点梁5根；　　⑥蓝色球1个；

⑦9单位无突点梁2根；　　　⑧3*5直角梁2根；

⑨5单位无突点梁2根；　　　⑩连接线1根；

⑪3单位无突点梁1根；　　　⑫长连接销4个；

⑬短连接销8个；　　　　　　⑭轴连接销2个；

⑮连轴器2个

图3-1 组装所需零件一览

(2) 组装电机的底座：用直角灰色连接销及短连接销如图3-2、图3-3所示安装起来。

图3-2 连接销安装之一

图3-3 连接销安装之二

(3) 安装伺服电机：按图3-4所示将双排灰色连接销连接到电机上。

图3-4 双排灰色连接销与电机连接

（4）组装底座与电机：如图3-5所示，将底座与电机拼装起来。

（5）组装机械臂：用直角灰色连接销及长连接销如图3-6所示安装起来。

图3-5 底座与电机拼装

图3-6 机械臂组装

（6）完成整机组装：将连接线一端接入NXT控制器A接口，另一端接入电机接口，如图3-7所示。

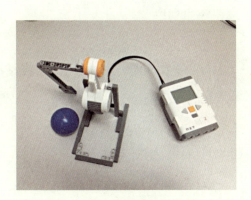

图3-7 机械臂组装

3.运用图形化编程软件编写一个击球的程序

4.效果测试

青少年将自己完成的作品进行展示、调试。

5.创意拓展

在完成上述制作后，引导青少年再尝试设计一个可以自动发球并击打的机器人。

（汪 龙、翟立原）

车辆模型工作室配置及典型活动案例

车辆模型运动是一项集科技、体育和娱乐为一体的活动项目。由于它富有知识性、趣味性、观赏性、挑战性、参与性等特点，故足以与真实汽车竞赛相媲美，在世界体育竞技场中占有重要的地位，深受国内外青少年喜爱。

我们这里所说的车辆模型制作体验活动，是指青少年将实物按照一定比例仿真缩小制作，或自己设计创作，或利用给定部件组装搭建，最终制作成车辆模型作品的活动。制作完成的车辆模型作品通常具有模仿外观或模拟运动状态的特征。

按上述车辆模型的特征，又可以分为静态模型和动态模型两种类型。静态模型指制作完成的车辆模型没有动力装置，只能处于静止状态，主要供观赏或情景展示。动态模型则指制作完成的车辆模型具有动力装置，可以模拟实物的运动状态。动态车辆模型还可进一步细分：按动力模式可以分为橡筋动力、电动、油动等；按操纵方式可以分为遥控类、非遥控类等。

（一）活动目标

以车辆模型作为青少年学习和实践的平台，使其了解与车辆有关的科学文化知识；引导他们熟练掌握识图、工具使用和装配等相关技能；锻炼手、脑配合制作各种车辆模型的能力；拓展其空间想象力，提升车辆模型操控水平；培养其探究兴趣、竞争意识、合作精神和意志力等心理品质。

（二）场地设施条件

1.场地条件

具备实用面积为100—150平方米的室内活动场所，以及开展活动必需的基础条件（桌椅、活动器材存放柜、水电接口、应急设施等）。

2.设施条件（15万元左右）

（1）科技辅导员专用设施

台式计算机、投影仪及投影屏幕、电烙铁焊台、小型打磨机、hudy顶级工具套装、1/10房车用调车尺all in one铝盒套装、多功能装拆避震器、1/8车包、1/10车包、家用工具组合、锯子和锯条、锉刀套装、砂纸、fr4玻纤板，环氧树脂板、田宫避震油、CA胶水、水管钳、丝锥、倒角钻、舵机延长线、低压报警器、ubec稳压器、油漆记号笔、稳压模块、遥控器、接收机、充电器、暖胎机、锂电池。

(2) 青少年专用设施

遥控器、接收机、充电器、锂电池、锉刀套装、砂纸、田宫避震油、CA胶水、1/10房车用调车尺all in one铝盒套装、Tamiya ps-54 喷漆、车壳遮盖纸、1/12 serpent s120遥控车车架、电子调速器、12仔专用1s电调、琐尾舵机、17.5t 马达、1/12车壳。

(3) 工作室辅助设施

彩色激光打印机、置物箱、设备转运箱、吸尘器、移动工具车、移动搬运车、展柜、货架、网络多媒体等。

(4) 人员配备条件

配备1名具有一定管理经验的专(兼)职管理人员和1名专(兼)职科技辅导员,建立3人以上科技辅导员志愿者队伍。

(三)容纳青少年数量

可容纳10—15名青少年同时参与活动。

(四)开放时间

每月至少16天。

(五)活动内容

导言:车辆模型运动所涉及的一些科学知识与相关技术技能,如流体力学、技术设计、工艺流程和车辆调控等,在学校的基础学科教学中都涉及较少,这就需要科技辅导员组织与指导学生,通过集观察、制作、操控于一体的探究活动,逐步了解与掌握车辆模型相关知识、技能与方法。

具体活动内容如下:

1.车辆模型的概念、原理和主要结构(如车辆模型运动简介、车辆模型的基本构造和原理、车辆模型的遥控设备、车辆模型的动力装置、车辆模型的调整原理、车辆模型的操纵等)的认知。

2.车辆模型制作(如木质电动车、F1空气动力桨小车、滑菜士气垫小车、太阳能小车等)训练。

3.直航类小车竞技、调校（通过上述小车进行竞技调校、发现不同数值对应车辆行进的变化）探索。

4.遥控车辆学习（诸1/10房车、1/16越野车、短卡）进阶。

（六）活动形式

制作、调试、训练、竞赛、展演等。

附： **"橡筋动力小车"的制作与调试活动案例**

一、活动名称： "橡筋动力小车"的制作与调试。

二、活动目标

使参与活动的青少年了解橡筋动力小车的基本原理和主要结构，能够借助工具，自己动手组装小车；让他们尝试对小车进行发车前的调试，以及初步理解车辆模型的竞赛方式和规则。

三、活动人数： 15名青少年。

四、活动材料和工具

1.材料

每人1份套材，具体部件如图3-8所示。

(1) 塑料条1根；

(2) 绿色部件1个；

(3) 黄色部件1个；

(4) 紫色部件1个；

(5) 黑色部件1个；

(6) 轮轴部件2组；

(7) 螺旋桨1个；

(8) 橡筋1根。

图3-8 套材主要零件一览

①紫色、绿色、黄色、黑色部件各1个；　②轮轴部件2组；

③螺旋桨1个；　④橡筋1根

2.工具

每人1把美工刀。

五、活动过程

1.小车制作步骤

(1) 先将小车的底盘从绿色部件分离出来（如遇到有无法分离处可借助美工刀进行处理），如图3-9所示；再将底盘中多余的部分剥离出来（难剥离之处也可借助美工刀进行处理），如图3-10所示。

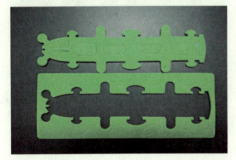
图3-9 初步分离的小车底盘

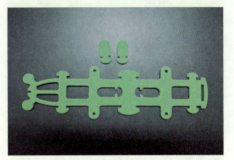
图3-10 完全成型的小车底盘

(2) 将小车的车身从黄色部件分离出来（图3-11）；再将车身中多余的部分剥离出来（图3-12）。

图3-11 初步分离的小车车身

图3-12 完全成型的小车车身

(3) 将车身与底盘进行连接，连接之处采用锁扣方式（图3-13）；将轮轴部件中的轴套安装到底盘的相应孔位中并调整位置使轴套与底盘平行（图3-14）。

图3-13 车身与底盘连接

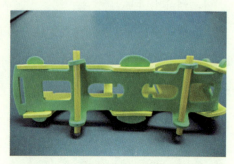

图3-14 轴套安装到底盘相应孔位

(4) 将小车的车顶从紫色部件分离出来（图3-15）；再将车顶中多余的部分剥离出来（图3-16）。

图3-15 初步分离的小车车顶

图3-16 完全成型的小车车顶

(5) 将从绿色部件中分离出来的后视镜安装在车身相应的位置中（图3-17）；将车顶和车身进行连接，连接之处采用插入和锁扣两种方式（图3-18）。

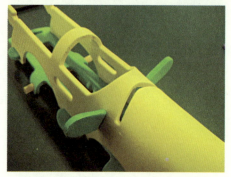

图3-17 后视镜安装在车身相应位置

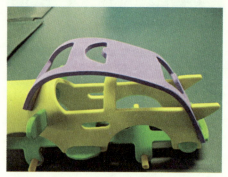

图3-18 连接车顶与车身

（6）将黄色塑料条穿入车顶上的两个孔位，要求前长后短（图3-19）；再将车轮从黑色部件中分离出来（图3-20）。

图3-19 黄色塑料条穿入车顶孔位

图3-20 从黑色部件中分离出车轮

（7）将蓝色轮轴插入到一个车轮中，使轮轴与车轮垂直（图3-21）；将安装好的该轮轴穿过轴套并将另一个车轮安装到轮轴的另一端，要求左右车轮平行（图3-22）。

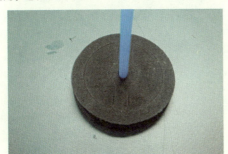

图3-21 蓝色轮轴垂直插入一个车轮中

图3-22 轮轴穿过轴套再安装另一车轮

（8）将黄色尾钩安装到车顶上塑料条的末端（图3-23）；再将红色螺旋桨安装到车顶上黄色塑料条的前端（图3-24）。

图3-23 黄色尾钩安装到车顶塑料条末端

图3-24 红色螺旋桨安装到车顶黄色塑料条前端

(9) 用手将橡筋穿过螺旋桨上的圆环，要求松紧合适（图3-25）；再将调节好的橡筋打好结并固定到尾钩中（图3-26）。

图3-25 橡筋穿过螺旋桨上的圆环

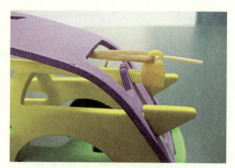
图3-26 橡筋打好结固定到尾钩

(10) 装配完毕的小车（图3-27）。

图3-27 装配成型的小车

(11) 车轮的改换

1) 将绿色、黄色和紫色部件中的扇形部分分离出来（图3-28）；再将原来车轮中黑色扇形部分取出（图3-29）。

图3-28 分离绿色、黄色和紫色部件中的扇形部分

图3-29 取出原来车轮中黑色扇形部分

2) 将相同颜色 (绿色和紫色) 的扇形部分叠在一起 (图3-30)；将叠好的扇形部分嵌入车轮原来的缺口中 (图3-31)。

图3-30 相同颜色扇形部分叠在一起　　　图3-31 叠好的扇形部分嵌入车轮

2.小车的调校与竞技

(1) 发车前的准备

1) 一只手拿住车身，另一只手按顺时针方向绕螺旋桨，可以绕60—80圈左右。

2) 发车时人趴在地上，把调整好的车辆放于地面上，用手指压住螺旋桨不要释放；发车前车头不要越过起跑线，观察和调整车身的延长线是否对准终点线。

3) 把车辆对准方向后就可放行，应该让手向上离开车身，注意放手时手不要抖动。

(2) 竞赛方式

1) 赛场场地要求平整光洁，起跑线与终点线之间的距离设定为10米，宽度为1米，设立10个框线区域 (图3-32)。每个框线得分是10分，以此类推，如车辆尾部越过并停止在某一框线区域中进行计算得分。当得分一样时，按用时多少排序，用时最少者为先。

2) 比赛时将车一辆一辆放行，可赛二轮或三轮，取其中两轮得分之和作为比赛成绩。成绩评定方法是行驶距离远者名次在前；距离相同的，以行驶时间短者名次在前。

图3-32 10个框线区域

(申智斌、翟立原)

航海模型工作室配置及典型活动案例

航海模型运动是一项集科技、体育和竞技为一体的活动项目，它在我国已开展60余年，深受广大公众和青少年的喜爱。而我们这里所说的航海模型制作体验活动，则是指青少年将实物按一定比例仿真缩小制作，或自己设计创作，或利用给定部件组装搭建，最终制作成航海模型作品的活动。制作完成的航海模型作品通常具有模仿民用船舶和军舰外观或模拟其运动状态的特征。

航海模型工作室主要是一个发展青少年想象力，开发他们动手能力和培养其学习兴趣的地方。青少年可以在航海模型工作室中了解更多的船舶知识，可以在工作室中了解更多的船模制作技巧，亦可以在工作室中了解更多的船模调试和竞技的方式方法。

（一）活动目标

使青少年了解与海域相关船舶的知识体系概况，以航海模型作为他们学习和实践的平台，提高他们对上述科学领域的浓厚兴趣；引导他们熟练掌握识图、工具使用和装配等相关技能；鼓励他们拓展空间想象力，锻炼手、脑结合制作上述丰富多彩舰船模型的能力；提升他们操控上述航海模型行驶的能力，培养其竞争意识、合作精神和意志力等心理品质。

（二）场地设施条件

1.场地条件

具备实用面积为60—80平方米的固定活动场所，相关基础设备（桌椅、活动器材存放柜、水电接口、应急设施等），以及配合活动所需要的水池等。

2.设施条件（30万元）

（1）模型制作设施

包括台式计算机、投影仪及投影屏幕、电烙铁焊台、电动打磨套件、激光雕刻机、CNC雕刻机、泡沫切割机、3D打印机、台锯、砂带机、砂轮机、热风枪、电锤、电动手枪钻、木工车床、金属立式钻铣床、金属台式车床及各类钻头、刀具、压力气泵、喷枪和家用工具组合等。

（2）放航及竞技设施

3×10规格（宽3米，长10米）矩形水池、浮标、秒表、对讲机、耳机、发令枪等。

3.人员配备

配备1名具有一定管理经验的专（兼）职管理人员和1名专（兼）职科技辅导员，建立3人以上科技辅导员志愿者队伍。

（三）容纳青少年数量

可容纳10—20名青少年参与工作室活动。

（四）开放时间

每月不少于16天。

（五）活动内容

指导青少年学习航海模型相关知识，提升青少年制作航海模型的技能，关注青少年的创新能力，培养青少年健康良好的竞技风尚。具体内容如下：

1.利用航海模型活动材料，使青少年理解设计图意图，学会使用工具，尝试进行设计，自主制作或改进航海模型作品。

2.利用放航及竞技设施，使青少年体验航海模型放航前的调试，了解竞技规则、方式和方法。

3.引导青少年运用所学习和掌握的航海模型知识、技能和方法，组织专题论坛，开展相互交流和学习。

（六）活动形式

论坛、展演、竞赛、培训、个人或小组制作和探究等。

附： "梦想号"航空母舰的制作与实践活动案例

一、活动名称： "梦想号"航空母舰的制作与实践。

二、活动目标

1.使参与模型制作与实践活动的青少年初步了解与航空母舰相关的科技知识、航海知识和国防知识。

2.通过动手制作和改装，体验制作"梦想号"航母模型所需的基本的规划、拼装和粘接等相关技能。

3.通过对航母模型的调试，尝试把握电动航海模型的推进系统，实践放航模型的科学方法，以及提高解决影响航行速度和精度的应变能力和创新能力。

4.引导参与活动的青少年关注国内外科学技术的发展和航海事业的发展，从小树立为实现中国梦奋斗终生的决心和信心。

三、活动时长：约100分钟。

四、活动人数：约20人。

五、活动所需材料和工具

"梦想号"航母模型组装套件（图3-33）20组、样机、胶水、砂纸、镊子、什锦锉、美工刀、小剪刀、小十字螺丝刀、水口钳、电烙铁、小锤等。

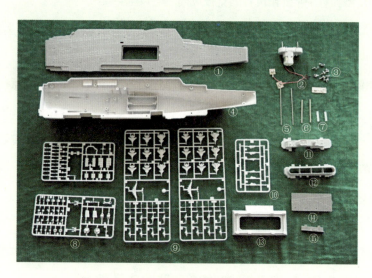

图3-33 "梦想号"航母模型组装套件一览

①主甲板；　②电机，开关；　③螺丝；　④船体；　⑤传动轴；　⑥轴套；

⑦联轴器；　⑧锚，舵，螺旋桨，雷达等；　⑨飞机；　⑩工作艇；　⑪和⑫舰岛；

⑬底座；　⑭甲板盖；　　⑮船体尾板

六、活动过程

1.认识航空母舰模型各部件名称及形状

首先认识诸如船体、主甲板、舰岛、舵、锚、螺旋桨、工作艇、推进系统、救生系统、雷达搜索导航系统、通信系统、武器系统等组成部件名称及形状。

在上述认知基础上,对航母模型组装零件有一个整体安装规划。

2.航母模型制作步骤及方法

(1) 船体推进系统安装

1) 安装轴套。用胶水将轴套黏合在船体入水口(图3-34)。用十字螺丝刀把轴套盖固定住轴套前端,并用胶水加固(图3-35)。

图3-34 将轴套黏合在船体入水口

图3-35 轴套盖固定住轴套前端

2) 安装齿轮箱。将硅胶管套在传动轴上,用十字螺丝刀把齿轮箱和开关安装到位。在安装齿轮箱时,要注意摆放的方向(图3-36)。

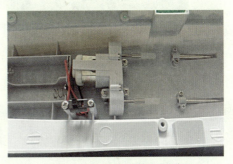

图3-36 安装齿轮箱和开关

3）安装螺旋桨。用小榔头将桨轴轻轻敲进螺旋桨（图3-37），注意要保持垂直。安装完成的两支螺旋桨与桨轴组合的总长应一致。在用硅胶管连接桨轴和传动轴时，不要将其径直插入，可以采用"螺旋"插入法。

图3-37 将桨轴轻轻敲进螺旋桨

安装螺旋桨时要注意桨叶旋转的方向。稍后将船舵安装上去，注意船舵不要黏结（图3-38）。之后可安装电池弹片。在安装电池弹片时要注意检查其是否生锈，并注意安装方向，否则船只会"倒开"（图3-39）。最后用胶水黏合艉板。

图3-38 安装船舵

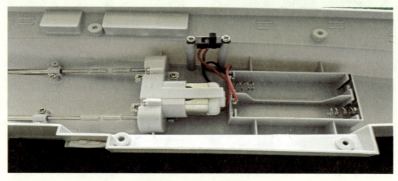

图3-39 安装电池弹片

（2）船面建筑及部件安装

这部分安装时要学会图纸与实际零部件一一对应，并仔细黏结（注意要将毛刺修整后再进行黏结）。黏结时如有胶水溢出，要注意及时擦拭，以防粘在外面，影响美观。

1）船岛的安装。首先整理船岛的零部件，在黏合船岛的零部件时，从内向外黏合。在将小部件固定在船岛上时，应注意小部件的方向和位置（图3-40）。

图3-40 安装船岛

2）甲板的安装。先在船体船沿内侧均匀地涂上胶水，然后用十字螺丝刀从中间向两边将甲板与船体合拢（图3-41）。

3）船体上其他部件的安装。如雷达搜索导航系统、锚泊系统、近战武器系统、救生系统与其他工作系统的安装等（图3-42）。

图3-41 甲板与船体合拢

图3-42 船体上其他部件的安装

①近战武器系统；　　②雷达搜索导航系统；　　③救生系统；　　④锚泊系统

(3) 航母舰载机的组装

按图纸要求将零部件在正确的位置黏结。胶水不可太多,否则会影响美观;也不能太少,否则会影响黏结牢度。

1) 直升机的组装 (图3-43)。

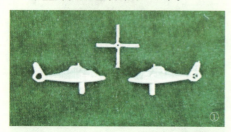

图3-43 直升机组装

①直升机零件; ②组装好的直升机

2) 歼击机的组装 (图3-44)。

图3-44 歼击机的组装

3) 预警机的组装 (图3-45)。

图3-45 预警机的组装

①预警机零件; ②装好的预警机

(4) 最终整体完成航母模型制作 (图3-46)。

图3-46 最终制作完成的航母模型

3.航母模型调试

(1) 准备工作

1) 检查电池、导线、电机是否安装正确。

2) 检查轴系、连接套、螺旋桨是否有松动。

3) 检查桨叶的旋转方向是否正确。

(2) 放航方法

双手夹持船体,轻放入水,瞄准底线100分门标中间,打开电源开关接通动力,双手同时松开船体放航。

(3) 航向调整

主要调整舵角,左偏向右调整,反之亦然,注意每次只能微量调节。

(4) 观察影响航行航向的因素

1) 动力系统是否与中心线重合。

2) 重心位置 (纵向、横向)。

3) 桨叶的螺距。

4) 船体线型。

4.航母模型改装升级及调试

(1) 动力系统升级

根据需求（速度、灵活性、稳定性等），对齿轮、电动机、电池进行改装。

(2) 航母模型外观及部件的升级

对雷达系统、武器装备、救生系统、锚泊系统等进行喷漆，增加部件，修改细节，添加蚀刻片等。

(3) 航母改装后调试

1) 放航方法。双手夹持船体，轻放入水，瞄准底线100分门标中间，打开电源开关接通动力，双手同时松开船体放航。

2) 航向调整。主要调整舵角，左偏向右调整，反之亦然，注意每次只能微量调节。

3) 观察结果。是否航速快，行驶直。

七、安全注意事项

在使用工具及502胶水时要注意安全，参与活动的青少年应佩戴护目镜。当胶水不慎涂到手上时，要注意及时清洗。

（吴为安、翟立原）

工程与技术设计工作室配置及典型活动案例

（一）活动目标

1.工程认知

使青少年了解工程最基本的概念和原理，认识由其构建的现代工程体系的基本轮廓；培养他们具有从事工程技术活动的一般技能；帮助他们逐步养成科学的思维习惯，掌握一定的创造性解决工程问题的方法；同时对影响人类生活和社会发展的工程有初步的体验。

2.技术设计

使青少年了解技术系统与产品设计过程的相关知识和方法，提高他们的科学想象力和运用直觉选择最佳方案的创新能力；培养他们运用木材、金属、塑料、食物、纺织品、纸张等材料操作并形成三维作品的技能，以及反思和评价自己决策结果的能力；引导他们形成在工业产品设计过程中关注文化、社会和环境热点问题的多元视角。

（二）场地设施条件

1. 场地条件

具备可无偿使用，实用面积为60—80平方米的固定活动场所，以及开展活动必需的基础条件（桌椅、活动器材存放柜、水电接口、应急设施等）。

2.设施条件（约25万元）

(1) 科技辅导员专用设施

台式计算机、投影仪及投影屏幕、电烙铁焊台、小型打磨机、泡沫切割机、折边机、砂带机、砂轮机、热风枪、电锤、手枪钻、热熔器焊接PPC管子带剪刀、活络扳手、钻头、标准件、电动手枪钻、电动螺丝刀、大台钻、激光雕刻机、CNC雕刻机、金属立式钻铣床、金属台式车床等。

(2) 青少年专用设施

锉刀套装、套筒套装、卷尺、钢尺、直角尺等、螺丝刀套装、内六角螺丝刀套装、曲线锯、小型迷你机床、充电式手枪钻、小台钻、老虎钳、管子钳、斜口钳、尖嘴钳、桌虎钳、台虎钳、万用电表、B6充电器、数字显示游标卡尺、镍氢电池、锂电池、红外线手持式激光电子尺（最大测距20米／30米／40米均可）、秒表、电子秤等。

(3) 工作室辅助设施

彩色激光打印机、置物箱、设备转运箱、吸尘器、移动工具车、移动搬运车、展橱、货架、网络多媒体等。

(三)人员配备条件

配备1名具有一定管理经验的专（兼）职管理人员和1名专（兼）职科技辅导员，建立3人以上科技辅导员志愿者队伍。

(四)容纳青少年数量

可同时容纳20名青少年参与工作室内的活动。

(五)开放时间

每月不少于16天。

(六)活动内容

1.现代工程(诸如机械工程、汽车工程、生物工程、材料工程、电气工程、电子信息工程等)的认知。

2.相关工程技能(诸如制图、实验、计算机设计、业务组织、情报检索和实际操作等技能)的训练。

3.未来工程师专项活动(诸如建筑、桥梁、航天、电子等领域按给定材料进行的创新制作)尝试。

4.技术设计概念(诸如资源、能源、技术系统、控制技术、创新思维、设计技巧、审美、制作技术和交流技术等)的认知。

5.改进身边用具(诸如学习用具、生活用具和玩具等)的创意训练。

6.工业产品(诸如结构、功能和外观)设计的模型搭建。

7.发明(诸如土木、机械、航空、化学、交通运输、环境、电子、电气、人工智能和计算机等领域的创新设计)尝试。

(七)活动形式

展示、培训、竞赛、个人或小组探究等。

附: 制作猴子爬杆装置及进行创意拓展活动案例

一、活动名称: 制作猴子爬杆装置及进行创意拓展。

二、活动目的: 让青少年学会识图,锻炼他们的动手操作技能,以及在实践中尝试运用创意思维解决问题的能力。

三、活动人数: 约20人。

四、活动所需器材

小型五金工具20套, 机械结构组装件20套 (包括底板、长轴柄、直角、脚、短销轴、长销轴、螺母、开关、电池盒、六角轴、电动机机芯、3毫米螺丝、曲柄轮、头、卡圈、杆1、杆2、杆3、杆4、吊杆等)。

五、活动内容

1.利用给定的结构组装件, 制作猴子爬杆装置。

2.完成猴子爬杆装置的制作后, 现场指定一项任务——完成难度更高的猴子爬杆制作。

六、活动过程

1.培训学习

(1) 培训青少年学会看零件图。

(2) 培训青少年学会看装配图 (猴子爬杆)。在识别和熟悉上述零件及看懂零件图的基础上, 即可让青少年学习看懂装配图, 重点是如何通过画在平面上的图形, 想象出零件完整的立体结构和空间形状, 快速确定零件的尺寸大小和规格, 以及零件之间连接的技术要求等。

(3) 培训青少年学会使用工具进行制作或安装。就青少年而言, 不仅要学会使用工具进行操作, 更可贵的是熟练操作, 因为这对于他们手和脑的协调, 对于其技能的训练有着重要意义。历史告诉我们, 技术的最原始概念是熟练——熟能生巧, 而巧就是技术。所以, 学会使用工具进行制作或安装, 可以视为是青少年工程与技术教育的启蒙。

2.尝试制作

学会看懂零件图后, 指导青少年按图中所示零件之间的相互连接, 尝试用工具操作, 一步一步直至整体安装完成 (大约40分钟)。

具体步骤如下:

(1) 圆盘与主轴安装。主轴接上曲柄轮, 曲柄轮左右对称, 小孔角度对应一致, 主轴与曲柄轮对齐。

（2）直角与底板安装。两个直角分别安装身体上侧两端，两个螺丝固定在底板的最外侧洞内。

（3）齿轮与底板的固定。齿轮箱与底板用两颗螺丝分别固定，螺丝定位在底板的第五个洞孔中。

（4）插入销钉。四颗销钉与上面两颗对称，两个曲柄轮上的要相隔180°。

（5）装连杆。一颗销钉连在长孔槽中，一颗销钉连在长臂最下方空中，另外一侧同样安装。

（6）接小手臂。两个小手臂接长臂内侧，用两颗螺丝固定。

（7）接电池盒。将电池（5号）放入电池盒中，将电线与电动机接线端连接，可用双面胶将电池盒贴于底板背后，有条件时亦可采用焊接方式将电线与电动机连接。

组装成品如图3-47所示。

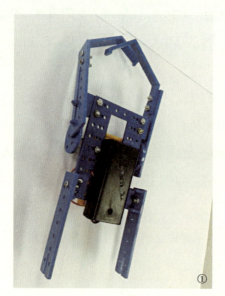 

① ②

图3-47 猴子爬杆装置及其"爬行"示意

①猴子爬杆装置平放；　②猴子爬杆装置在倾斜15°的杆上爬行

3.效果测试

(1) 将制作的猴子爬杆装置在横杆上试放。

(2) 将猴子爬杆转个身即解决了方向问题 (前进与后退)。

(3) 两个臂不宜太松, 松了装置会掉下来。

(4) 电池电能充足则装置运动速率快, 电能消耗一些后速率就会慢下来。

科技辅导员让每一位青少年自我展示: 使自己制作的猴子在横杆上爬行, 并检测其速率快慢。

4.创意拓展 (青少年自荐或相互推荐5—10人)

(1) 每人看图独立完成猴子爬杆的组装。

(2) 现场测试, 要求制作的每个猴子爬杆装置都能实现猴子自如爬杆。

(3) 现场命题, 提高猴子爬杆的难度。

给定题目: 让猴子在有5°—10°的斜横杆上向上爬行。

举例: 将横杆倾斜15°, 让猴子向前爬行。由于横杆处于倾斜状态, 而猴子的手臂材料又是塑料的——在爬行过程中就容易滑下来。这就要求青少年动脑筋改造猴子结构, 让其爬行能够成功。

1) 所需材料: 双面胶、大头针、胶带、回形针、橡筋、胶水、牙刷、铁螺丝。

2) 要求: 在以上材料中选择合适者对猴子爬杆装置进行改进, 使其能在横杆上向上爬行, 时间短者为胜。

3) 思考方向: 由于在向上爬行的过程中有下滑力, 而横杆是金属的比较滑, 猴子抓不住, 所以要在猴子手臂上增加摩擦力, 使其抓住横杆不下滑而上爬。

这里需要指出的是, 创造性的思维方法往往取决于个人信息基础的广度和深度——就是谁的学问知识越丰富, 实践经历越多, 谁思维中的新鲜点子自然也就会更多。当然, 创造性并不意味着知识的堆积。我们再拿万花筒来做比喻, 一个人要转动筒身, 就是说, 要把已知的许多事实重新组合, 才能变成新图样。

4) 测试: 看每一位青少年创意猴子的爬行结果, 以速率快、用时最短为优胜。

(蒋 新、翟立原)

环境科学工作室配置及典型活动案例

环境科学是一门立足于综合角度,研究人类社会发展活动与环境演化规律之间相互作用关系,探求人类社会与环境协同演化、持续发展途径与方法的科学。其学科构成涵盖了大气科学、生态学、环境化学、地球科学等自然科学领域和资源管理学、人口统计学、经济学、政治学、伦理学等社会科学领域。

环境科学工作室则是以青少年为对象,以环境科学教师或科技辅导员为指导者,利用工作室配置的专业仪器设施和实验条件,为青少年提供获取与生活紧密联系的环境科学知识、技能和相关科学方法,培养他们创新精神和实践能力,提升其环境保护意识和对环境科学兴趣的专项活动场所。

(一) 活动目标

使青少年了解与环境科学相关的基础理论知识、基本实验技能和科学方法,通过参与在环境科学工作室内外开展的观察、调查、实验、讨论等活动,运用环境科学相关概念及原理,分析身边常见的环境问题,并能够提出自己的看法。同时在参与上述工作室活动中,鼓励青少年发挥自主探究的精神,激发他们对环境科学的兴趣,提升其环境保护的意识和行动的能力。图3-48为青少年在环境科学工作室兴致勃勃地进行水质检测。

图3-48 青少年在环境科学工作室进行水质检测

①用滴管滴试剂;　②向试管中倒水

（二）场地设施条件

1. 场地条件

环境科学实验室：使用面积为80平方米的固定活动场所，采光好，配备桌椅，设有实验器材存放柜，有排风口、水电接口、水槽、下水道等设施。

2. 设施条件（30万元）

（1）基础设施：计算机、投影仪及投影屏幕、可擦可移动书写白板、教师实验桌椅、音响、打印机。

（2）实验仪器：精密分析天平、旋涡混合器、高压灭菌器、恒温培养箱、干燥箱、电磁炉、锅、榨汁机、紫外分光光度计。

（3）实验设施：实验桌椅、采水瓶、便携pH计、温度计、浑浊度比色卡、便携式电子天平、移液器、铁架台、石棉网、酒精灯、试管架、试管、滴管、药匙、烧杯、锥形瓶、剪刀、镊子、毛笔、吹风机、塑料盒、水槽、石英砂、黄砂、活性炭、塑料瓶、棉花、纱布。

（4）辅助设施：无线网络、灭火器、沙桶、窗帘、清洁工具（扫帚、拖把等）。

3. 人员配备条件

配备1名具有一定管理经验的专（兼）职管理人员和1名专（兼）职环境科学教师或科技辅导员，建立3人以上科技辅导员志愿者队伍。

（三）容纳青少年数量

可同时容纳15—20名青少年参与工作室活动。

（四）开放时间

每月不少于16天。

（五）活动内容

1. 了解环境科学知识和环境问题成因。主要包括了解环境与人类间的相互关系，知晓环境对人类生活的重要意义，分析身边的某些环境现象，理解全球性的环境问题及其成因，从而培养青少年对环境问题的关注度，提升其环境保护意识等。

2. 初步掌握环境科学实验操作技能和方法。主要包括了解与环境科学相关的常见实验，掌握或强化基本实验基本技能，学会基本的水质检测（如水的浑浊度、温度、pH

值、余氯、溶解氧等)、噪声检测、空气质量检测、食品相关要素检测等。

3.青少年创新课题的研究。基于生活中发现的环境问题,尝试用环境科学工作室的实验设施,依据相关科学方法开展探究。

(六)活动形式

培训、竞赛、个人或小组探究和实验等。

附: 蔬菜清洗前后的农药残留检测活动案例

一、活动名称: 蔬菜清洗前后的农药残留检测。

二、活动目标

1.通过学习文献资料,使青少年初步了解常见的农药知识。

2.通过小组实验,在使用农药残留速测卡片检测蔬菜农药残留的过程中,促进青少年了解常用科学检测方法,掌握相关基本实验技能。

3.通过对蔬菜样本进行农药残留的检测,让青少年感悟食品安全的重要性,培养其应用环境科学知识解决日常生活问题的能力。

三、活动时长: 约120分钟。

四、活动人数: 初中或高中学生20人。

五、活动材料

便携式电子天平5个、恒温培养箱1个、锥形瓶20个、滴管20根、10毫升量筒5个、10毫升烧杯20个、200毫升烧杯5个、农药残留速测卡片100片、实验用蔬菜(青菜)20份。

六、活动过程

1.蔬菜种植常用农药及快速检测介绍

(1) 有机磷类农药

主要包括乐果、马拉硫磷、对硫磷等。有机磷挥发性强,进入生物体内易被酶分解,故不污染环境,在食物中残留时间也短。人们吃了施用过量有机磷农药的果蔬或茶叶、薯类、谷物等,可能发生肌肉震颤、痉挛、血压升高、心跳加快等急性中毒症状,甚至昏迷死亡。

(2) 氨基甲酸酯类农药

主要包括灭多威、克百威、涕灭威等。食用了残留这类农药较多的果蔬及谷、薯、茶等，中毒者会产生和有机磷中毒大致相同的症状，但因其毒性较轻，一般几个小时就能自行恢复。

(3) 拟除虫菊酯类农药

主要包括联苯菊酯、甲氰菊酯、氯氰菊酯、溴氰菊酯、氟氯氰菊酯等。这类农药对人体毒性较低，但仍有蓄积性，中毒表现症状为神经系统失常症状和皮肤刺激症状。

(4) 农药残留速测卡片

该卡片是用对农药高度敏感的胆碱酯酶和显色剂做成的酶试纸，可以快速检测蔬菜中有机磷和氨基甲酸酯这两类用量较大的农药残留情况。

2.蔬菜清洗前后农药残留检测实验

(1) 材料准备

1) 青菜样品的准备：选取有代表性的青菜样品，将其菜叶剪成1厘米×1厘米的正方形碎片以备用 (图3-49)。

图3-49 青菜样品的准备

①整棵青菜； ②剪成1厘米×1厘米

2) 实验活动卡的设计 (表3-1) 。

表3-1 青少年实验活动卡 (记录表)

农药残留检出情况	平行实验1	平行实验2	平行实验3
青菜未经清洗			
青菜经清水淋洗5分钟后			
青菜经清水浸泡20分钟后			
空白样本 (纯蒸馏水)			

(2) 实验步骤

1) 利用托盘天平分别称取3份各5克的青菜样品,分别采取不同的清洗方式:一份不做任何清洗处理,一份在流动的自来水下淋洗5分钟,一份取清水浸泡20分钟。

2) 将清洗处理后的青菜样品放入对应锥形瓶中,加入10毫升蒸馏水 (图3-50) ,震摇50次,静置2分钟,用滴管吸取上层清液备用 (图3-51) 。

图3-50 加入蒸馏水

图3-51 吸取清液

3) 取一片农药残留速测卡片, 在其白色药片上滴3滴上述步骤2) 中提取出的清液 (图3-52), 并将其置于37摄氏度恒温培养箱中, 静置10分钟进行预反应。

4) 将预反应后的农药残留速测卡片对折, 用手捏紧保持3分钟, 使红色药片与白色药片重合发生反应 (图3-53)。

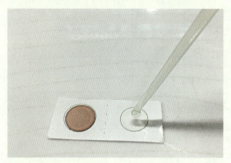

图3-52 向白色药片上滴3滴提取出的清液

图3-53 对折卡片并用手捏紧保持3分钟

5) 观察反应后颜色变化情况, 记录实验结果: 变蓝 (×) 记为正常; 浅蓝 (○) 记为有农药残留, 但浓度较低; 不变蓝 (●) 记为有农药残留, 且浓度较高 (图3-54)。

①

②

图3-54 农药残留实验结果

①有浓度较低的农药残留;   ②无农药残留

6) 做完上述3组平行实验后, 再取一份蒸馏水做实验空白样本对照。

3.实验结果及分析

组织青少年完成实验并观察记录实验结果, 并以小组形式进行交流, 比较实验所用青菜经清洗前后不同的农药残留情况, 得出如何清洗蔬菜才能防止农药残留的简单方案。

附: 教师前期实验结果及分析

在青少年小组实验前, 教师进行了前期实验, 以保证当期青少年实验的顺利进行。

教师实验所用样品与青少年一样, 均为菜场购买的青菜。

(1) 教师前期实验结果 (表3-2)

表3-2 教师前期实验活动卡 (记录表) 数据

农药残留检出情况	平行1	平行2	平行3	平行4	平行5	平行6
青菜清洗前	×	×	○	○	×	×
青菜经清水淋洗5分钟后	×	×	○	×	×	×
青菜经清水浸泡20分钟后	×	×	×	×	×	×
空白样本 (纯蒸馏水)			×			

(2) 教师前期实验结果分析

教师前期实验所选青菜大部分未检出农药残留, 仅个别检出微量的农药残留, 基本可认为其相对较为安全; 经清水淋洗5分钟后青菜的农药残留检出率降低, 可认为清水淋洗的方式能够减弱农药残留; 经清水浸泡20分钟后青菜的农药残留检出率为0, 可认为清水浸泡的方式能够有效去除青菜上残留的农药。

农药残留速测卡片误差分析: 该卡片对农药较为敏感, 反应时间长短、室温等因素都有可能对卡片呈现的颜色产生影响, 故农药残留速测卡片检测结果只能作为家庭或实验室疑似问题蔬菜的初筛, 其检查结果不具法律效应, 不能作为正式测量依据。

4.拓展实验

请青少年探究不同的蔬菜品种, 清洗前后其农药残留情况的差异。

七、安全注意事项

1.使用玻璃实验材料时要小心轻放, 避免打碎打翻。

2.恒温培养箱需要在教师或科技辅导员的指导下使用, 避免碰撞或烫伤等。

（陆 蔚、翟立原）

木加工工作室配置及典型活动案例

木加工（wood working）是一门工艺，也是建筑业、轻工业等常用的技术，被誉为中国传统三行（即木工、木头、木匠）之一。中国在石器时代已以石为刃，剡木为舟，开始了木材加工的历史。青铜时代，出现了锯条的雏形；春秋时期相传鲁班发明墨汁、角尺等多种木工工具。

随着科学技术的飞速发展，现代的木加工已发生了巨大的变化：传统的木加工工具已越来越多地被机械木加工工具替换；传统的手工作坊式生产模式亦不断由大规模定制或精细生产模式所取代；随着数控加工技术的出现，现代的木加工也正在开启一个新的时代。

我们这里所说的木加工活动，是指让青少年了解关于木材、木加工的知识和技能，通过在科技辅导员指导下操作传统木加工工具或机械木加工工具，尝试体验做一个小木匠或现代小木工的辛劳、智慧和快乐。图3-55为科技辅导员指导青少年如何使用"锯"。通过制作一个属于自己的木艺品、木制玩具或模型等，让其充分亲近自然的材料，同时锻炼他们的思维能力、动手能力、审美能力以及创新能力。

图3-55 科技辅导员指导青少年如何使用"锯"

（一）活动目标

使青少年了解与地域相关的木材知识，乐于以木材加工作为自身学习和实践的平台，培养他们对上述技术乃至工程领域的浓厚兴趣；引导青少年了解木加工设计过程的相关原理和方法，提高他们的空间想象力和运用直觉选择最佳方案的创意能力；培养青少年以木材为主要原料，运用传统木加工工具或机械木加工工具操作并形成三维作品的技能技巧；最终在上述过程中整体提升他们的思维品质、动手能力、审美水平、创新意识和工匠精神。

（二）设施及人员条件

1.场地条件

具备实用面积为50—100平方米的室内活动场所，以及开展活动必需的基础条件（桌椅、活动器材存放柜、水电接口、应急设施等）。

2.设施条件（15万元）

（1）专用设施

传统木加工工具：弓形锯、框架锯、刀锯、家用工具组合、锉刀套装、砂纸、多功能扳手、美工刀、木工用锉刀套装水管钳、丝锥、倒角钻、剪刀、木工用雕刻套装。

机械木加工工具：精密微型车床、精密钻床、刨床、圆盘打磨机、曲线切割机、直线切割锯、钻铣床、精密微型金属加工车床。

（2）辅助设施

台式计算机、投影仪及投影屏幕、彩色激光打印机、置物箱、设备转运箱、吸尘器、移动工具车、移动搬运车、展橱、货架、网络多媒体、口罩、手套、直尺、油漆记号笔、铅笔等。

3.人员配备

配备1名具有一定管理经验的专（兼）职管理人员和1名专（兼）职科技辅导员，建立3人以上科技辅导员志愿者队伍。

（三）容纳青少年数量

可同时容纳10—20名青少年参与工作室内的活动。

（四）开放时间

每月不少于16天。

（五）活动内容

导言：在开展木工制作体验活动时，科技辅导员的首要任务是传授知识和技能。这是因为木工制作所涉及的一些科学知识和相关技术技能，如木材的特性和木加工中的机械原理，以及如何使用弓形锯、如何操作木工电动机加工工具，在学校的教学中都很少涉及，这就需要科技辅导员通过制作木制品传授给青少年。

其次是让青少年理解木加工的制作过程和方法，诸如熟悉制作程序：确定目标 —三维设计 —工具准备 —加工制作 —产品评价—后续改进；以及初步掌握识图、画线、割据、粗刨、钻孔、开榫、打磨、胶粘等一些基本的木工加工方法。最后要注意的是，每次体验活动之前都需要向青少年传播木工坊安全须知，以防其不慎受伤。

具体活动内容如下：

1. 木加工的概念以及对于木材知识学习（如木加工种类简介、电动木工加工工具的基本构造和原理、木料的属性、木料的产地等）的认知。

2. 木工基本操作技能（如弓形锯的使用、框锯的使用、砂纸的使用、电动木工加工工具的使用方法、简单绘制图纸等）训练。

3. 简单木工制作（自制木工常用工具的制作、小狗笔架的制作、菱形鸟的制作、陀螺的制作、塔式风车的制作）练习。

4. 自行创意木工作品制作（如摇椅制作、七巧板制作、沙盘制作等）。

（六）活动形式

展演、竞赛、培训、个人或小组制作和探究等。

附："原木动力小车"的制作活动案例

一、活动名称： "原木动力小车"的制作。

二、活动目标

使参与活动的青少年了解木制橡筋动力小车的基本原理和主要结构，能够借助工具，按照木加工程序和方法，自己动手切割木料并自行组装小车；完成后让他们尝试对小车进行微调并检验其驱动效果。

三、活动人数：20名小学高年级学生。

四、活动器材

1.工具设施

曲线切割机10台、圆盘打磨机5台、钻床5台（每台钻台配3毫米、5毫米钻头各1支）、什锦锉刀20套、砂纸40张、直角尺20套。

2.材料准备

原木动力小车套材20套。每1套包括：网印板（长160毫米×宽55毫米×厚5毫米）2块；网印板（长180毫米×宽55毫米×厚5毫米）2块；截面正方形，边长10毫米，长115毫米的桐木条6根；圆棒直径5毫米，长220毫米圆棒2根；截面直径3毫米，长50毫米的圆棒1根；橡筋3根。

五、活动主要内容

1.熟悉割据、打磨、钻孔、组装、看图、识图等技术或技能。

2.掌握圆形（圆轮）部件同心度制作的加工技巧。

3.尝试自行制作橡筋动力的木结构小车模型。

六、活动过程及步骤

1.割据零件（图3-56）

图3-56 青少年在依据图纸割据零件

用规定套材中的网印板割据各部分零件，稍加打磨后备用（图3-57）。

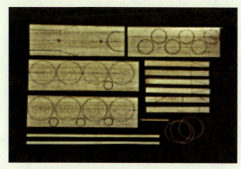

图3-57 用网印板割据零件

2.制作车身

（1）取截面正方形，边长10毫米，长115毫米的桐木条4根，割据成长110毫米的车身底架，在离端面10毫米处居中钻出直径5毫米的孔，并在另一段割据出约30°的角。取截面正方形，边长10毫米，长115毫米的桐木条1根，锯割后获得长40毫米的车身尾翼装饰条2根。取截面正方形，边长10毫米，长115毫米的桐木条1根，锯割后获得长90毫米底架加强条1根（图3-58）。

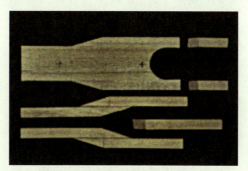

图3-58 割据出制作车身的零部件

（2）将各种规格桐木条按图纸要求用胶水粘接在车身面板上下（图3-59）。

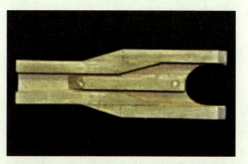

图3-59 在车身面板上下粘接相应桐木条

（3）在车体前、后部分各钻直径5毫米孔1个，取截面直径5毫米，长220毫米圆棒1根，割据出长35毫米和长55毫米圆棒各1根，分别插入车体前孔（35毫米长）和车体后孔（55毫米长），校正垂直后用胶水黏结（图3-60）。

图3-60 在车体前后钻孔并垂直插入圆棒

3.制作车轮

（1）将直径40毫米（4片）后轮，以及直径10毫米（1片）圆轮垫片分别用胶水黏结在一起后打磨，并在中心点钻5毫米直径的孔。

（2）另一组后轮，以及直径25毫米×3片×2组前轮也如上述步骤操作（图3-61）。

图3-61 车轮与垫片黏结

4.组装车体

（1）取截面直径5毫米，长220毫米圆棒1根，割据出长80毫米和长110毫米圆棒各1根。将长110毫米圆棒居中位置钻直径3毫米孔后，插入后车身底架孔内，两边安装后轮，并将后轮与圆棒黏结。在圆棒中间钻孔位置插入割据好的截面直径3毫米，长15毫米的圆棒，并用胶水黏结。

（2）将上述步骤中割据出的长80毫米圆棒，插入前车身底架孔内，并安装前轮。除不用在圆棒中间钻孔，其余操作如上述步骤。

（3）将组装好的车体上多余胶水铲除，然后打磨使其光洁（图3-62）。

图3-62 组装完成的车体

5.安装橡筋及测试

（1）安装橡筋：在小车两只后轮各缠一根橡筋。另一根用作动力的橡筋一端套在车体前部截面直径5毫米，长35毫米圆棒上，另一端套在车体后部截面直径5毫米，长55毫米圆棒上（图3-63）。

（2）测试小车：操作者用一只手转动后轮，使后轴中心截面直径3毫米，长15毫米圆棒处于竖直向上方向，另一只手将套在车体后部截面直径5毫米，长55毫米圆棒上的橡筋向后拉伸并套在后轴中心截面直径3毫米，长15毫米圆棒上，然后用双手同时向后转动两个后轮约半周多，则橡筋被拉伸使小车具有弹性势能，当松开双手后，小车弹性势能转化为动能，就会使其向前运动。

图3-63 将用作动力的橡筋安装在小车上

七、安全操作须知

1.青少年操作者必须熟练掌握木工用机床和其他工具的操作要领和技术性能。

2.要服从科技辅导员安排，按规定戴好防护眼镜，不得穿戴手套和围巾进行操作。

3.机床运转时，严禁用手触摸机床工作部位；严禁隔着机床传送物件。

4.高速切削时，应有防护罩，工件、工具的固定要牢固。

5.机床运转时，操作者不能离开机床。发现机床运转不正常时，应立即报告科技辅导员，待查明原因并排除故障后方可继续操作。

（富思远、翟立原）

摄影工作室配置及典型活动案例

1839年8月15日，法国科学院大厅向社会各界展出了世界上第一张光学照片。这张照片是由巴黎画家和舞台布景设计师路易斯·达意尔（Louis Dal）用其发明的"暗箱式万花筒"摄制的——他使碘化银薄片短时间感光，然后放入稀释水银溶液中显影，再用苏打水（碳氢酸钠的水溶液）冲洗定影，最后终于获得了清晰的照片。

在读图时代的今天，摄影最初所应用的"小孔成像"等光学原理并未过时，而且随着感光材料的不断创新，特别是从胶片相机到数码相机的飞跃，摄影已越来越与现代科技的发展紧密相连。实践表明，摄影不仅能够提高青少年的科学素养、技术素养和数学素养，还能够提高青少年的艺术素养。青少年通过参与摄影活动，一方面可以深入理解蕴含其中的科学、技术和数学知识，另一方面则会通过摄影感知自然美、社会美和艺术美。

摄影工作室则是以青少年为对象，以专业摄影教师或科技辅导员为指导者，利用工作室配置的摄影设施和环境，为青少年提供获取与摄影相关的科学知识、技能和方法，体验摄影对人类社会的影响，以及发现、探索和展示"真善美"的综合活动场所。图3-64为科技辅导员在指导青少年拍摄花卉。

图3-64 科技辅导员指导青少年拍摄花卉

（一）活动目标

使参与摄影工作室活动的青少年感受摄影的魅力所在，乐于学习和运用与摄影相关的科学知识、技能和方法；引导青少年在了解照相机的结构和功能的基础上，能够运用这一工具去拍摄、去创作，尝试发现、探索和展示"真善美"；为青少年搭建与摄影相关的各种交流平台，促进其沟通能力、团队意识和评价水平的不断提升，以及科学素养和艺术素养的全面提高。

（二）设施及人员条件

1.场地条件

摄影实验室：使用面积为60—80平方米的固定活动场所，采光好，有相关基础设备（水电、网络接口、应急设施等）。

2.设施条件（30万元）

(1) 科技辅导员专用设施

计算机、投影仪及投影屏幕、书写板、教师实验桌、椅子、照相机、广角镜头、微距镜头、中焦镜头、长焦镜头、滤镜（中密度灰镜、UV镜、渐变镜等）及转接装置、数据线、读卡器等。

(2) 青少年专用设施

照相机（自带）、组合桌、椅子、计算机、摄影书籍、摄影台、倒影板、高透明度水槽、三脚架、背景布、小影棚、摄影灯、彩色电筒、柔光罩、反光板、测光表及各类拍摄模型。

(3) 工作室辅助设施

影棚：摄影轨道、吊臂及幕布、软板、干燥箱、保险柜、书柜、水池、遮光窗帘、资料柜。

3.人员配备条件

配备1名具有一定管理经验的专（兼）职管理人员和1名专（兼）职科技辅导员，建立3人以上科技辅导员志愿者队伍。

（三）容纳青少年数量

可同时容纳20名青少年参与工作室活动。

（四）开放时间

每月不少于16天。

（五）活动内容

指导青少年学习摄影知识，提升他们的拍摄技能；引领青少年记录生活中的点滴，尝试用摄影语言展示世界；对有浓厚兴趣的青少年，鼓励他们开展摄影专题创作，以及基于摄影或摄影器材的创新课题探究。

具体内容如下：

1. 摄影知识认知：诸如照相机的结构、照相机的原理、照相机的保养、构图形式、构图要素、光的运用、摄影历史、作品赏析等相关知识的学习与理解。

2. 拍摄技能实践：以富有趣味性且蕴含摄影原理的实践活动为载体，强化摄影基本技能，学会如逆光造型、探秘微距王国、动感摄影、光绘摄影、慢速摄影、同一个世界等趣味摄影技巧。

3. 专题创作体验：以专题为导向，引导青少年选择专题，围绕此专题进行创作体验，并学会制作PPT，配合文字展示交流。

4. 创新课题研究：基于摄影或摄影器材，尝试通过科技实验或科学测量的方式去开展探究，获得新的思路、新的视角或新的发明等。

（六）活动形式

培训、竞赛、个人或小组探究和实验等。

附：尝试拍摄"喜迎漫天飞舞的'雪花'"活动案例

一、活动名称：尝试拍摄"喜迎漫天飞舞的'雪花'"。

二、活动目标

1.了解快门调节键及菜单，初步掌握如何控制快门速度；尝试使用不同的快门速度进行拍摄，直观感受不同的快门速度带来的图片影像变化。

2.以小组合作的形式拍摄特定场景，熟悉拍摄对象、动作、站位、灯光、背景和控制变量等诸多内容设计要素，初步体验摄影中科学与艺术结合的魅力，以及团队合作的重要性。

3.通过对拍摄"雪花"场景图片的考量，初步了解拍摄图片评价的主要质量指标。

三、活动时长：120分钟。

四、活动人数：初中学生20人。

五、活动所需器材

影棚灯、背景纸、白色A4纸、相机（自带）、三脚架、储物篮、扫帚、簸箕。

六、活动过程及步骤

1.观察相机快门调节演示

(1)"快门速度"概念的引入

快门速度是摄影中用于表达曝光时间的专门术语，是指在按下相机快门按钮进行拍摄的时候，快门所保持开启状态的时间。快门速度越快，允许进入的光量越少；同样，快门速度越慢，允许进入的光量越多。除了能改变曝光外，快门速度还可以改变运动呈现的形式：快门速度为"高速"，可用于凝固快速移动的物体，如需拍摄体育运动场景的时候。快门速度为"低速"，则会使移动物体模糊，常用于产生艺术效果。

常用快门速度有1/4000秒、1/2000秒、1/1000秒、1/500秒、1/250秒、1/125秒、1/60秒、1/30秒、1/15秒、1/8秒、1/4秒、1/2秒、1秒等。

(2)快门调节演示

由摄影教师或科技辅导员向参与活动的青少年展示如何调节快门速度。选择快门优先按钮S（或TV），通过转动拨盘改变快门速度（不同的相机调节方式稍有区别）（图3-65）。

图3-65 调节快门速度演示

①选择快门优先档S（或TV）；　　②通过拨盘/按钮/菜单，调节快门速度（不同机型调节方式稍有区别）；
③显示快门速度

(3) 应用不同快门速度的图片比较

从下面的图片可看到应用不同快门速度带来的区别,如图3-66所示。

图3-66 不同快门速度所摄图片比较

①快门速度1/60秒; ②快门速度1/8秒

2.分组拍摄的步骤与方法

(1) 器材准备

1) 制作"雪花":将每人手中的白纸撕成指甲大小的片状,以此作为模拟的"雪花"(图3-67)。

2) 由组长将大家各自制作的"雪花"统一汇总在储物篮中。

3) 相机、三脚架等摄影器材的选择与准备。

图3-67 准备拍摄用的"雪花"

(2) 拍摄内容及技术设计

1) 拍摄对象与助手的选择:每组选择1位拍摄模特、2位助手(拍摄时布撒"雪花")。

2) 拍摄动作及站位设计:由各小组讨论决定。

3) 灯光设计:前侧光。

4) 背景设计: 深色背景。

5) 控制变量 (光位、相机焦段、背景、光圈等), 选择两种快门速度 (1/100秒、1/500秒) 分别进行拍摄。参数如图3-68所示。

 光位: 前侧光
背景: 深色背景
焦段: 35毫米
光圈: F4
快门: 1/100秒
ISO:自动 (640)
①

 光位: 前侧光
背景: 深色背景
焦段: 35毫米
光圈: F4
快门: 1/500秒
ISO:自动 (3000)
②

图3-68 拍摄内容及技术设计

①快门速度1/100秒拍的照片;　　②快门速度1/500秒拍的照片

(3) 拍摄过程与步骤

1) 架好三脚架, 调整光位。

2) 按设计内容及技术设定相机参数 (相机焦段、光圈、连拍、快门速度、ISO等)。

3) 拍摄对象——模特站位 (站在深色背景前)。

4) 助手站位及布撒"雪花"准备 (助手1站在模特前侧, 以不挡住灯光为宜。助手2站在相机前侧, 以不挡住模特及镜头为宜), 如图3-69所示。

5) 拍摄 (拍摄者喊口令1、2、3, 喊1时所有人进入准备状态, 喊2时助手布撒"雪花", 模特做出规定动作, 喊3时拍摄者按下快门)。

6) 反复拍摄练习。

7) 形成多张拍摄图片。

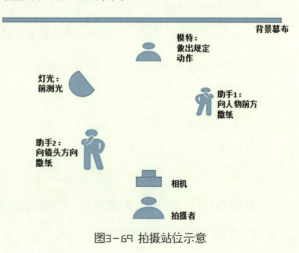

图3-69 拍摄站位示意

3.效果检验

(1) 展示交流所摄图片

组织青少年观看所摄作品(图3-70),交流拍摄雪花漫天飞舞照片的注意事项(如选择深色背景,快门速度要大于等于1/500秒,使用连拍功能,距离相机较近的雪花成像较大,按快门要有提前量等)。

图3-70 所摄图片展示

(2) 熟悉检验标准

1) 科学性:人物在画面中大小适中;雪花数量充足,并在画面中呈现出不同大小。

2) 艺术性:清晰的凝固住雪花飘舞的动态;人物神态切合环境,动作表现出足够的张力。

4.创意拓展

(1) 以6—8人为一组开展小组竞技活动。

(2) 挑战:探究快门速度的应用。

(3) 思考方向:如拍摄光线的轨迹,星星的轨迹等。

(4) 要求:尝试使用慢速度拍摄。

七、安全注意事项

1.在摄影工作室活动时,严禁大声喧哗、嬉戏打闹。

2.拍摄对象进行"喜迎"跳跃动作时应做好准备活动,以防肌肉拉伤或扭伤。

3.相机使用时应严格按照操作要求,相机带要套在脖子上或绕在手腕上,防止其不慎滑落引发其他伤害事故。

4.拍摄中要注意用电安全,关闭灯具电源后才可以进行移动或调节等操作;另外应避免长时间直视灯光造成对眼睛的伤害。

(盛 洁、翟立原)

生命科学工作室配置及典型活动案例

(一)活动目标

使参与工作室活动的青少年了解与生命科学相关的知识、技能、方法和伦理观念,依托观察、体验和实验等途径,通过发现问题、分析问题和解决问题的主动学习过程,培养他们运用科学方法探索生命科学奥秘的创新精神和实践能力,以实现提升广大青少年生命科学素质、人文素质及其他心理品质的目标。

(二)场地设施

1.场地条件

需要实用面积为80—100平方米的固定场所,其具备开展活动必需的基础条件(网络数据点、广播、电话、水电接口、应急设施等)。

2.设施及费用(约50万元)

(1)工作室专用设施

包括二氧化碳传感器(图3-71)、色度计(图3-72)、导电率传感器、溶解氧传感器、气体压力传感器、氧气传感器、pH值传感器、相对湿度传感器、土壤湿度传感器、一氧化碳检测仪、细颗粒物($PM_{2.5}$)检测仪、叶面积测定仪、叶片厚度测定仪、数码显微镜、电子天平、光照培养箱、高压蒸汽灭菌锅、超净工作台、干燥箱、离心机、分光光度计、滑走切片机、PCR仪、移液枪、电泳仪、电泳槽、照胶仪、恒温震荡摇床、玻璃器皿及化学药品。

图3-71 二氧化碳传感器   图3-72 色度计

(2) 工作室辅助设施

包括台式计算机、投影仪、投影屏幕、实验台、凳子、储物柜、置物箱、设备转运箱、吸尘器、移动工具车、移动搬运车、展橱、货架、网络多媒体等。

(三)人员配备条件

工作室应配备1名具有一定管理经验的专(兼)职管理人员和1名专(兼)职科技辅导员,建立3人以上科技辅导员志愿者队伍。

(四)容纳青少年数量

可同时容纳20名青少年参与工作室内的活动。

(五)开放时间

每月不少于16天。

(六)活动主题内容及相关模块

1.主题内容

(1) 普及型主题活动

诸如生物多样性主题普及,以植物种类识别竞赛,动物、植物摄影等为活动呈现方式。

(2) 兴趣型实践活动

诸如植物组织培养、无土栽培、树叶创意贴、"魅力多肉"种植体验活动等。

(3) 专业型操作活动

诸如生命科学知识、基础实验原理、方法及结果讲授与操作。

(4) 提高型研究活动

诸如课题研究与创新大赛,以植物、动物、微生物等领域的问题发现、实验研究及解决方案为抓手。

2.相关模块

(1) 一般模块

包括制水、称量、离心、滴定和洗涤等通用实验模块。

(2) 专业技术模块

主要包括微生物/植物组培模块、模式生物培养模块、生化指标分析模块、电泳模块、核酸模块、蛋白质模块、PCR模块和显微观察模块等。青少年可基于这些实验模块,在科技辅导员的指导下,顺利开展科学体验、探究和创新研究。

(七)活动形式

实验、展示、培训、竞赛、个人或小组探究等。

附: 阳生与阴生植物叶片气孔数目及分布密度的观测比较活动案例

一、活动名称: 阳生与阴生植物叶片气孔数目及分布密度的观测比较。

刚上初中的青少年首先学习的生命科学内容就包括绿色植物的光合作用,以及叶片是植物光合作用的主要场所。那么,为什么自然界中阳生植物和阴生植物分别只能在光照度很强和光照度很低的环境下生长良好,反之则不行呢? 这是否与其各自进行光合作用的叶片上气孔结构的差异有关呢? 带着上述源于结构与功能的一致性而导出的假设,我们可以引导青少年通过典型阳生和阴生植物的观察实验来一起进行探究。

二、活动目的

1.使青少年通过典型阳生和阴生植物叶片气孔的观测活动,进一步理解生物的多样性,认识其结构与功能的一致性,以及生物对环境的适应性。

2.激发青少年探索创新的强烈渴望,使他们初步领悟通过探究性实验得出科学结论的基本过程和方法。

3.指导青少年初步掌握生物实验的简单设计，光学显微镜的使用（包括临时装片的制备）及相关测量，数据的统计分析，以及结果的思考讨论等技能。

三、活动对象： 初中生20人。

四、实验原理

1.气孔是植物吸收二氧化碳，放出氧气、蒸腾水的主要通道，即植物水分运输动力来源和营养合成的代谢终端，对于保证植物光合作用二氧化碳供应、维持植物体最优化的水平衡及利用，意义重大。不同植物的气孔特征不同，其对环境条件变化的适应能力也不同。

2.气孔的数目可用显微镜数得每一视野中的数目，而后用物镜测微尺量得视野的直径，求得视野面积，由此而计算气孔的密度。

五、实验用品

1. 材料：阳生植物（香樟）、阴生植物（绿萝）。

2. 药品：中性树胶、透明指甲油。

3. 用具：显微镜、载玻片、盖玻片、两面黏性透明胶带。

六、操作步骤

1. 临时装片的制备

为防止气孔变形，采用印迹法制片。从每份标本上选取3片健康、成熟的叶片（较大，且无虫叮咬痕迹），用净纱布轻轻擦拭其下表皮灰尘，然后在下表皮中部靠近主脉的两侧快速涂上一层薄薄的透明指甲油，1—1.5平方厘米，待其风干结成膜后，用贴有两面黏性透明胶带的载玻片压在叶片上，然后轻轻剥下叶片，即把所有叶表皮膜的指甲油层粘在透明胶带上，制成表皮印迹后的载玻片用中性树胶封片，制成临时装片，于数码图像显微镜下进行观测。

2. 测定气孔数目及密度

将临时装片置于显微镜下计算视野中气孔的数目（用低倍镜还是用高倍镜，决定于表皮上气孔的数目），移动制片，在表皮的不同部位进行6次计数，求其平均值。随后用物镜测微尺量得视野的直径,则半径r为已知,按公式S=πr^2(S为视野面积)计算视野面积,用视野中气孔的平均数/视野面积,即可求出气孔的密度,以"气孔数/平方毫米"表示。

3. 注意事项

待指甲油全干后再进行下一步操作,这样更容易剥下指甲油层。

七、结果与讨论

结果表明(以活动前科技辅导员自身实验为例),香樟叶片的平均气孔数量为104个(表3-3,图3-73),而绿萝叶片的平均气孔数量为10个(表3-3,图3-74),香樟的气孔密度为452.16个/平方毫米(表3-3,图3-73),而绿萝的气孔密度为38.23个/平方毫米(表3-3,图3-74)。因此,在叶片气孔数量和气孔密度上,阳生植物香樟比阴生植物绿萝多。

表3-3 阳生植物和阴生植物叶片气孔数量比较

材料	气孔平均数量	气孔密度
香樟(阳生植物)	104	452.16(个/平方毫米)
绿萝(阴生植物)	10	38.23(个/平方毫米)

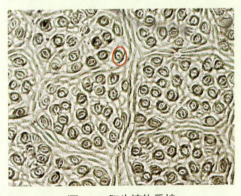

图3-73 阳生植物香樟

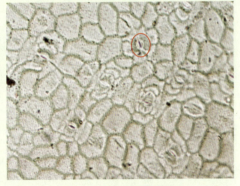

图3-74 阴生植物绿萝

叶片上气孔结构的差异反应了植物对不同光照环境的适应。究其原因,叶片是植物进行光合作用的主要场所,阳生植物和阴生植物是对光的需求不同而形成的不同生态类型。阳生植物耐阴性很差,当光照强度减少到全光照的75%时,就生长不良;而耐阴植物在光照强度为5%—20%的条件下也能生长旺盛。阳生植物和阴生植物在叶片的结构上也存在很大差异,阳生植物叶表皮细胞较小,排列紧密,气孔小而密集,而阴生植物叶角质层较薄,气孔数较少,细胞间隙较大。

本次探究实验有助于青少年通过实证的方法,相对照,互比较,重鉴别,从叶片结构上了解典型阳生植物和阴生植物的差异,初步学会从现象到本质、从宏观到微观来认识自然界的事物,并完成观测比较报告(表3-4)。就像科学家一样,青少年在上述探究中尝试运用了科学归纳的方法——尽管还很稚嫩,但方向却是正确的。

表3-4 阳生植物与阴生植物气孔数目及密度的观测比较报告

姓名: 　　　　　所在小组:

1.研究方案			
假　设			
自变量			
因变量			
…			
实验步骤			
2.实验器材			
序　号	名　字	数　量	备　注
1			
2			
…			
3.数据记录			
材　料	气孔平均数量		气孔密度(个/平方毫米)
4.结论及思考			

(史青茹、阎 莉、翟立原)

数控加工工作室配置及典型活动案例

数控是数字控制（numerical control）的简称，通常是指使用专门的计算机，借助数字形式的操作指令对某一工作过程进行控制的自动化方法。数控加工（numerical control machining）则是指在数控机械或其他数控加工设施上进行零件或产品加工的一种工艺过程。由于数控加工技术是现代制造技术的基础，它的广泛应用导致普通机械等加工设施被数控机械等加工设施代替，使全球制造业发生了根本变化。因此，数控加工技术的水平和普及程度已经成为衡量一个国家工业现代化水平的重要标志之一。

拥有早期纯机械的磨砂机、车床、钻床直至数控车床、数控铣床、数控泡沫切割机、数控雕刻机和3D打印机的青少年数控加工工作室，是开展科学教育特别是STEM教育的重要实践场所。

（一）活动目标

通过组织青少年参与工作室活动，使他们理解现代数字控制技术的基本原理，初步掌握应用信息科学和计算机技术进行绘图、编程以及产品设计的能力，锻炼自身应用数控机床和其他数控设备进行零件或产品加工的操作技能，以及结合STEM理念，从自然科学、技术、工程、数学和艺术相互融合的角度，尝试开展将个体或小组创意设想变成现实的创客实践活动。图3-75为科技辅导员向青少年讲解数控雕刻机的工作原理。

图3-75 科技辅导员向青少年讲解数控雕刻机的工作原理

（二）场地设施条件

1.场地条件

具备实用面积为80—100平方米的固定活动场所，以及相关基础设备（桌椅、活动器材存放柜、网络数据点、配套的380伏和220伏电源接头、空气净化设备、应急设施等）。

2.设施条件（60—80万元）

工作室专用设施：数控雕刻机、3D打印机、数控泡沫切割机、数控加工中心、数控金属台式车床、台式计算机、砂轮机、教学用车床、教学用钻床、电热鼓风干燥箱等。

工作室辅助设施：工具收纳洞洞板、打印机、废料箱、空调、操作台、凳子、储物柜、耗材架、置物箱、工作服和防护设施、设备转运车、吸尘器、清扫工具、展示橱窗、储物货架、无线网络。

常备耗材：聚碳酸酯板材、ABS板材、雪弗板、玻纤板、碳纤板、铝板、铜板、铝棒、泡沫板、3D打印机耗材（各色ABS和PLA）。

3.人员配备

工作室应配备1名具有一定管理经验的专（兼）职管理人员和1名专（兼）职科技辅导员，建立3人以上科技辅导员志愿者队伍。

（三）容纳青少年数量

可容纳10—20名青少年参与工作室活动。

（四）开放时间

每月不少于16天。

（五）活动内容

主要活动内容如下：

1.学习与数控加工技术相关的各学科知识。

2.初步学习并掌握基本的工程制图知识，学会使用计算机绘制平面图和立体图。

3.尝试综合运用工作室内的机器设备进行模型的设计活动，诸如四驱车模型、仿生机械昆虫模型、船模、建筑模型、航空模型等的外形设计和机械结构设计。

4.学习各种数字加工设备的使用,诸如学习编辑刀具路径、学习数控雕刻机、3D打印机、数控车床、数控铣床的使用,学会正确操作并完成加工任务。

5.在相互交流和学习的基础上,开展个体或小组的创意制作活动,将创意设计转变为实物。

(六)活动形式

体验、展示、培训、竞赛、个人或小组探究等。

附: 仿生机械蚂蚁设计、加工和组装体验活动案例

一、活动名称: 仿生机械蚂蚁设计、加工和组装体验活动。

二、活动目标

让参与活动的青少年熟悉常用五金工具和数控雕刻机等数控设备的使用;通过观察科技辅导员设计仿生机械蚂蚁的蚁身,以及加工制作蚁身的流程,理解数控设备的"数字化核心"及其正确操作的技术路径;通过自行组装仿生机械蚂蚁(图3-76)及设计其外壳,提升青少年的动手能力和创客精神。

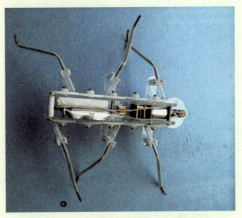

图3-76 未加装外壳的仿生机械蚂蚁

三、活动对象及人数: 初中或高中学生10人。

四、活动时长: 整个活动持续约3个小时。

五、活动所需工具和器材

1.工具

小型五金工具10套(微型螺丝刀、尖嘴钳、斜口钳、圆嘴钳、三角锉、平锉,什锦锉),数控雕刻机1台,手持式电钻3部,各种尺寸的配套螺母和螺丝,台锯1部,电烙铁5组,松香(助焊剂)、砂纸、美工刀、剪刀等若干。

2.器材

盆齿轮、直齿轮若干，锂电池10块，微型开关10只，硬钢丝若干，尼龙塑料管若干，聚碳酸酯板材1块，细电线1米，n20型减速小电动机10只，截面边长4毫米×4毫米的空心塑料方管若干，截面边长4毫米×4毫米的实心方形棒料若干。

六、活动内容及过程

1.设计体验（用时30分钟，以科技辅导员演示蚁身设计为主。如要使青少年学会自主设计技能，需要3小时×2课时）

（1）观察科技辅导员如何聚焦自然界蚂蚁的行走步态和实际外形，以及机械蚂蚁身内部需容纳的驱动结构的体积，最终将设计、想法落于纸上。

（2）观察科技辅导员演示的Autocad绘图软件，以及直线、圆弧、复制、镜像、偏移、移动等可能要运用的绘图和修改命令。

（3）观察和思考科技辅导员如何利用Autocad绘图软件绘图，并将蚁身各种尺寸进一步细化（图3-77）。

（4）观察科技辅导员如何将Autocad绘制出的图形导入type3软件中，以便后续计算刀具路径（图3-78、图3-79）。

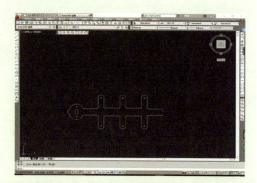

图3-77 仿生机械蚂蚁的蚁身设计

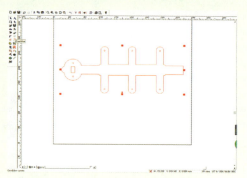

图3-78 全部选择该图形并将其合并为一体（Combine）

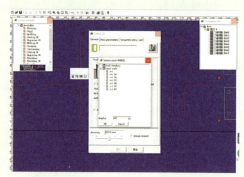

图3-79 选择相应刀具即可运算出对应的刀具路径

2.加工体验（用时45分钟，以科技辅导员演示蚁身加工为主。如要使青少年掌握操作技能需要3小时×3课时）

以加工蚁身为例：

（1）观察科技辅导员展示数控雕刻机的工作原理（图3-80）。

（2）观察科技辅导员如何使用数控雕刻机控制软件和刀具路径计算软件，将待加工的蚁身平面图导入刀具路径（图3-81）。

图3-80 数控雕刻机展示

图3-81 导入刀具路径

（3）观察科技辅导员如何控制机床并加工蚁身这一零件（图3-82）。

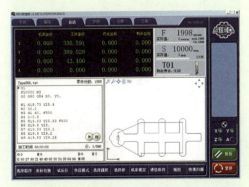

图3-82 调整相关参数后开始加工

3.组装体验（用时80分钟，在科技辅导员指导下由青少年动手组装。如让青少年完全独立完成需要3小时×2课时）

（1）整理组装需要的所有零件，包括自主设计加工的蚁身、蚁足和给定的塑料齿轮、各种尺寸的螺丝钉、小电动机、传动轴、开关、锂电池等（图3-83）。

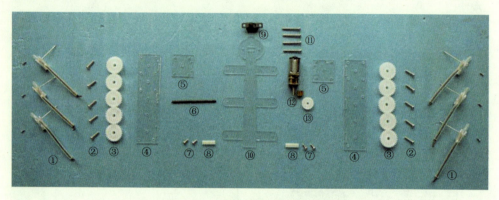

图3-83 仿生机械蚂蚁零件一览图

①蚁腿6条；　②圆头螺丝钉；　③直齿轮10个；　④左右侧板；　⑤马达垫片；　⑥小钢轴（主轴）；

⑦圆头机丝；　⑧万向节；　⑨开关；　⑩模型底板；　⑪圆头螺丝钉直径；　⑫n20减速马达；　⑬锂电池

（2）蚁身及内含驱动结构的组装

1）根据设计图纸组合拼装蚁身底座，左右侧板和小电动机垫片（图3-84）。

图3-84 蚁身底座组装

2）在蚁身上安装内部驱动结构，利用M2×14螺丝固定n20减速小电动机（图3-85）。

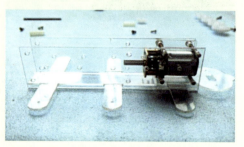

图3-85 在蚁身上安装减速小电动机

3）在蚁身上安装主传动轴和直齿轮等（图3-86）。

4）完成蚁身上相关线路连接（焊接），连接锂电池、开关和电动机等。

（3）蚁腿的安装

1）安装蚁腿移动所需的万向节（图3-87）。

2）安装设计的腿部（图3-88）。

（4）调试驱动结构

1）完成蚁身上相关线路连接（焊接）后，可接通电源，检查齿轮是否能够啮合紧密并运转灵活。

2）调试完成后，机械蚂蚁能以三角步态的形式快速爬行，可跨越大部分低于蚁身的地面障碍物。

4.仿生机械蚂蚁外壳设计和制作（用时25分钟，在科技辅导员指导下由青少年动手设计制作外壳。如让青少年完全独立完成需要3小时×1课时）

（1）先画出设计图，再选取合适尺寸的高密度泡沫塑料，用美工刀雕刻出大致外形后以砂纸手工打磨（图3-89）。

（2）亦可利用3D打印造型技术对仿生机械蚂蚁的外壳进行设计和制作（略）。

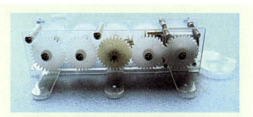

图3-86 在蚁身上安装齿轮等传动机构

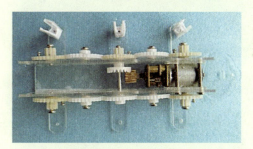

图3-87 万向节的安装

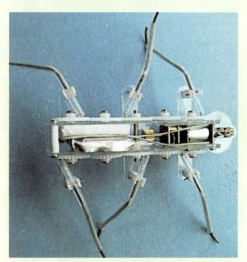

图3-88 安装腿部

图3-89 装有外壳的仿生机械蚂蚁

七、安全注意事项

1.上述活动案例运用到的数控或手控机械加工工具，均有一定的危险性，需要督促青少年严格遵守相关的安全使用守则。

2.青少年需要在科技辅导员的看护下才能使用数控雕刻机等相关设备。

（黄欣艺、翟立原）

应用化学工作室配置及典型活动案例

化学，是一门研究物质的组成、结构、性质、化学变化规律及其应用的自然科学。我们这里所说的应用化学，是指在社会生活中传播、运用并不断发展的特定化学知识体系，诸如日常生活中涉及的化学基本原理，与实际生活相关的化学研究成果（包括化工产品）在探究过程中所依托的科学方法和技术手段，以及体现化学及相关技术对人们生活质量和环境影响的价值取向等。

应用化学工作室则是以青少年为对象，以专业化学教师或科技辅导员为指导者，利用工作室配置的化学设施和实验环境，为青少年提供获取与生活紧密联系的化学知识、技能和相关科学方法，体验化学应用对人类社会的影响，以及升华创新精神和锻炼实践能力的科学活动场所。图3-90为指导老师与同学们在应用化学工作室里制作"水果电池"。

（一）活动目标

使参与工作室活动的青少年了解与应用化学相关的知识、技能、方法和伦理观念，依托观察、体验和实验等途径，在初步形成基本的化学实验能力的基础上，能够运用相关化学概念或原理，尝试发现日常生活中存在的"问题"，分析此类"问题"并努力探索解决之法。在上述过程中，培养青少年运用科学方法探索应用化学奥秘的创新精神和实践能力，以实现提升其化学素质、人文素质及其他心理品质的目标。

图3-90 应用化学工作室里老师与同学们一起制作"水果电池"

(二)场地设施条件

1.场地条件

化学实验室：使用面积为80平方米的固定活动场所，采光好，有排风口、电源接口、水管、下水道等设施。

2.设施条件 (30万元)

(1) 科技辅导员专用设施

计算机、投影仪及投影屏幕、书写板、教师实验桌、椅子、音响、打印机、温控磁力搅拌器、精密分析天平、高速离心机、旋转蒸发仪、超声波清洗机、恒温培养箱、干燥箱、电磁炉、锅、榨汁机、紫外分光光度计。

(2) 青少年专用设施

实验桌、椅子、铁架台、便携式电子天平、移液器、小型迷你低速离心机、温控水浴锅、温控磁力搅拌器、便携式pH计、研钵、移动电源、喷壶、石棉网、酒精灯、小脸盆、试管架、试管秒表、点滴板、滴管、药匙、烧杯、三角瓶、剪刀、镊子、毛笔、吹风机、塑封机。

(3) 工作室辅助设施

实验室：洗涤池、实验室滴水架、网络、灭火器、沙桶、窗帘、洗眼器、资料柜。

3.人员配备条件

配备1名具有一定管理经验的专（兼）职管理人员和1名专（兼）职科技辅导员，建立3人以上科技辅导员志愿者队伍。

（三）容纳青少年数量

可同时容纳20名青少年参与工作室活动。

（四）开放时间

每月不少于16天。

（五）活动内容

普及和推广生活中的化学知识和基本的实验技能；引导青少年紧密联系生活实际，趣味导入，学以致用，发现和解决生活中的问题；对有浓厚兴趣的青少年，鼓励他们开展化学创新小课题的探究。

具体内容如下：

1. 应用化学知识的认知。诸如分析生活中的化学现象，熟悉生活中的化学原理，进而初步理解日常生活食品中的化学、元素与生命化学、环境化学等。

2. 趣味化学实验的操作。以富有趣味性且蕴含化学原理的实验为载体，强化实验基本技能，学会诸如寻找生活中的酸碱指示剂、水果电池、晴雨花、氢动力应用、汽水"鞭炮"等相关趣味化学实验的操作。

3. 青少年创新课题的研究。基于生活中发现的化学问题，尝试用化学实验设施和科学的实验方法去开展探究。

（六）活动形式

培训、竞赛、个人或小组探究和实验等。

附： 电化学蚀刻——尝试做个金属雕刻家活动案例

一、活动名称： 电化学蚀刻——尝试做个金属雕刻家。

二、活动目标

1.通过观察电解池装置和电解反应的演示实验，理解电解等相关概念和原理。

2.通过小组实验，尝试在不锈钢材质的指甲钳表面蚀刻图形或者文字，初步熟悉相关实验方法，掌握化学基本实验技能。

3.通过了解电解池和电解反应在日常生活中的作用，感受化工技术对人类社会的正效应和负效应。

三、活动时长： 120分钟。

四、活动人数： 初中或高中学生20人。

五、活动所需器材

氯化钠溶液作为电解质的电解池、鳄鱼夹导线、棉签、移动电源（12000毫安时）、USB电源线、PVC即时贴刻字纸、美工刀、电子天平、蒸馏水、氯化钠、烧杯、不锈钢材质的指甲钳等。

六、活动过程

1.观察电解池装置和电解反应的演示实验

（1）相关概念的引入

电解反应是指在外加直流电流的作用下，电解质的阴阳离子在阴阳两极发生氧化还原反应的过程。上述进行电解反应并将电能转化为化学能的装置叫作电解池。

电解池形成的条件包括以下四点：①与直流电源相连；②两个电极；③电解质溶液或熔化的电解质；④形成闭合电路。

（2）电解反应演示实验

由化学教师或科技辅导员向参与活动的青少年展示以铁片和石墨为电极的氯化钠溶液电解池。

实验显示：连接电源正极的铁片慢慢变小，连接电源负极的石墨周围冒出小气泡。

这是因为装置中发生了电解反应，在通电情况下，阳极（连接电源正极）的铁片失去电子，发生氧化反应，产生铁离子，而阴极（连接电源负极）附近的氢离子得到电子，产生氢气（石墨作为阴极电极本身不参与反应）。

2.电解池及电解反应的应用

上述电解池的原理可以用于金属表面的蚀刻。直流电源可以用5伏大容量的移动电源代替，以蚀刻对象（例如，不锈钢指甲钳等）连接电源正极，作阳极电极，阴极电极直接由导线末端的鳄鱼夹代替，氯化钠溶液作为电解质。图3-91为电解反应演示实验装置。

3.分组金属蚀刻制作步骤与方法

（1）材料准备

1）配制氯化钠溶液：用电子天平称取20克氯化钠，溶解在100毫升蒸馏水中。

2）改装USB电源线：保留USB连接口一端，用于连接移动电源，剪去另一端连接口，剥去电源线的塑料外皮，暴露出2厘米长的颜色各异的4根内部电线，剪去实验中不需要的白、绿电线，以红色电线为电源正极，黑色电线为电源负极，分别与两根带鳄鱼夹的导线连接（图3-92）。

3）蚀刻对象：不锈钢材质的指甲钳，先用酒精棉花擦去表面的油脂和污垢（图3-93）。

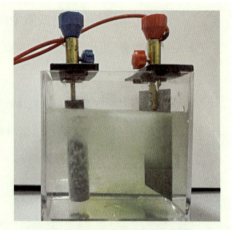

图3-91 电解反应演示实验装置

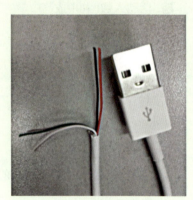

图3-92 USB电源线改装

图3-93 不锈钢指甲钳

4) 蚀刻内容：用美工刀在PVC即时贴刻字纸上刻出想要蚀刻的图形或者文字，镂空处理（图3-94）。

（2）制作步骤

1）将刻有图形或文字的PVC即时贴刻字纸粘贴在不锈钢指甲钳上（图3-95）。

2）取1根棉签，在氯化钠溶液中浸泡数秒，使其沾上氯化钠溶液。

3）将USB数据线的USB端口与移动电源相连接，另一端引出的连接电源正极的红色鳄鱼夹，夹在不锈钢指甲钳上，作为电解池的阳极；而连接电源负极的黑色鳄鱼夹直接夹住棉签下部浸有氯化钠溶液的棉花处，以此作为电解池的阴极。

4）用手拿住棉签，在PVC即时贴刻字纸的镂空处涂抹2—3分钟，注意观察棉签和不锈钢指甲钳的变化（图3-96）。

5）将不锈钢指甲钳上的鳄鱼夹移去，剥开PVC即时贴刻字纸，用酒精棉球清洁蚀刻处（图3-97）。

4.效果检验

组织青少年展示蚀刻作品，思考如何使蚀刻的图形或文字清晰可见。

图3-94 PVC即时贴上刻出拟蚀刻图文

图3-95 刻有图文的PVC即时贴粘贴在指甲钳上

图3-96 蚀刻操作中要观察棉签和不锈钢指甲钳的变化

图3-97 用酒精棉球清洁蚀刻处

5.创意拓展

以4人为一组开展小组竞技活动。

挑战：探究影响蚀刻效果的因素，尝试优化电化学蚀刻的条件，使蚀刻速度加快，图案更清晰。

思考方向：电化学蚀刻的本质是电解反应，因此电解池的组成部件可能会对蚀刻效果有影响，如蚀刻金属的种类、电解质的种类等。

要求：假设某一因素对电化学蚀刻有影响，使用控制变量法设计科学的探究实验，并完成实验操作，得到最后的结论。

七、安全注意事项

1.要选用正规厂商生产的移动电源，以避免意外发生。

2.注意美工刀的正确使用，小心划伤。

3.操作时应佩戴护目镜。

（唐海波、翟立原）

航空模型工作室配置及典型活动案例

航空模型制作体验活动，最早兴起于美国、德国、日本等国家，是青少年科学活动的重要内容之一。该项活动涉及科学、技术、工程、数学、艺术等多学科领域，是STEM教育的典型应用之一。目前，航空模型制作体验活动已在我国各地广泛开展，深受青少年喜爱，国家体育总局、教育部和中国科协，每年都要举行全国性的青少年航空模型竞赛活动。

航空模型制作体验活动，是指青少年将空域飞行器实物按一定比例仿真缩小制作，或自己设计创作，或利用给定部件组装搭建，最终制作成航空模型作品的活动。而制作完成的航空模型作品通常具有模仿航空飞行器外观或模拟其运动状态的特征。

（一）活动目标

使青少年了解与空域相关的飞行器的知识体系概况，掌握与航空模型相关的固定翼、直升机等各类飞行器模型设计与制作的基本原理和方法，提高他们对上述科学领域的浓厚兴趣；引导他们熟练掌握识图、工具使用和黏合等相关技能；鼓励他们拓展空间想象力，尝试创造性思维，锻炼手、脑结合制作上述丰富多彩模型的能力；提高他们操纵上述模型飞行的调控能力，培养其竞争意识和意志力等心理品质。

（二）场地设施条件

1.场地条件

具备实用面积为60—80平方米的固定活动场所，相关基础设备（桌椅、活动器材存放柜、水电接口、应急设施等），以及配合活动所需要的室外场地（需要足球场或篮球场那样大小的空间）等。

2.设施条件（约20万元）

（1）科技辅导员专用设施

台式计算机、投影仪及投影屏幕、电烙铁焊台、电动打磨套件、激光雕刻机、CNC雕刻机、泡沫切割机、3D打印机、砂带机、砂轮机、热风枪、电锤、电动手枪钻、金属立式钻铣床、金属台式车床及各类钻头、刀具、秒表等。

(2) 青少年专用设施

遥控飞机飞行模拟器、第一视角飞行模拟器、小型木工套装、电子秤、锉刀套装、钢尺、直角尺等、各类胶水、螺丝刀套装、内六角螺丝刀套装、曲线锯、小型迷你机床、充电式手枪钻、小台钻、老虎钳、斜口钳、尖嘴钳、台虎钳、万用电表、多功能模型充电器、数字显示游标卡尺、镍氢电池、锂电池、红外线手持式激光电子尺（最大测距20米／30米／40米均可）等。

(3) 工作室辅助设施

钢丝绳（置放飞机）、彩色激光打印机、置物箱、工具箱、工作台、工作板、吸尘器、展橱、货架、网络及多媒体设施等。

（三）人员配备条件

配备1名具有一定管理经验的专（兼）职管理人员和1名专（兼）职科技辅导员，建立3人以上科技辅导员志愿者队伍。

（四）容纳青少年数量

可同时容纳20名青少年参与工作室内的活动。

（五）开放时间

每月不少于16天。

（六）活动内容

1.航空模型相关理论知识讲解（诸如初级空气动力学、电学、材料学、控制技术、创新思维、设计技巧、制作技术和交流技术等）。

2.航空模型类制作（诸如橡筋飞机、电动飞机、遥控飞机等）。

3.模拟飞行（诸如战斗机模拟飞行、民航客机模拟飞行；或按动力模式可以细分为手掷、橡筋动力、电力驱动、油发驱动模拟飞行；按操纵方式可以细分为遥控类、非遥控类和线操纵类模拟飞行等）。

（七）活动形式

讲座、体验、培训和竞赛等。

附："天驰"橡筋飞机的制作与调试活动案例

一、活动名称： "天驰"橡筋飞机的制作与调试（图3—98）。

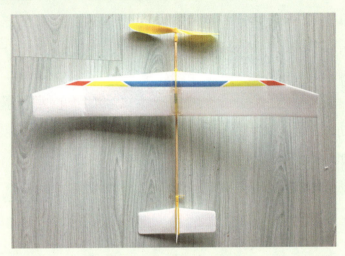

图3-98 "天驰"橡筋飞机样机图

二、活动目标

1.知识与技能的掌握

（1）通过活动，培养青少年对飞机模型的兴趣，激发他们对上述相关知识的强烈学习欲望。

（2）使参与活动的青少年理解并熟悉"天驰"橡筋模型飞机的制作与调试方法，初步掌握相关技能。

（3）通过学习与制作活动，提升青少年对科学的认知和创新实践的能力。

2.过程与方法的理解

通过科技辅导员讲授及指导，使青少年理解制作一架"天驰"橡筋飞机的过程、步骤和具体方法，从中领悟科学方法的应用对模型飞机制作的重要性。

3.情感态度与价值观的升华

通过活动，引导青少年形成崇尚科学和热爱航空事业的情怀，逐步树立努力成为祖国未来建设所需要的科技创新后备人才的志向。

三、活动重点与难点

1.活动重点

(1) 认识"天驰"橡筋飞机的各部件名称。

(2) 学会运用分析、归纳等科学的方法探究问题，认识4个基本舵面及其作用。

2.活动难点

尝试根据对模型飞行姿态的综合分析和判断，确定调整优化的正确方法。

四、活动时长：约90分钟。

五、活动人数：约20人。

六、活动所需材料："天驰"橡筋飞机套件（图3-99）20组、样机、砂纸等。

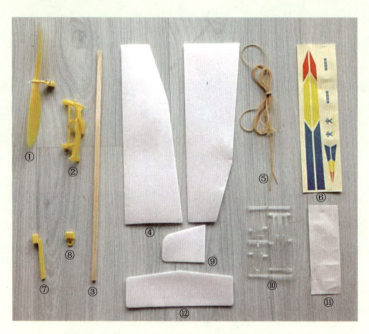

图3-99 "天驰"橡筋飞机套件组成部件

①螺旋桨； ②翼台； ③机身； ④左右机翼； ⑤橡筋； ⑥贴纸；

⑦尾翼架； ⑧尾钩； ⑨垂直尾翼； ⑩加强片； ⑪水平尾翼； ⑫水平尾翼

七、活动过程

1.认识模型飞机各部件名称及形状

认识模型飞机诸如螺旋桨、机身、翼台、尾翼架、尾钩、机翼、垂直尾翼、水平尾翼、橡筋、定型片、加强片、贴纸等组成部件名称及形状。

2.制作步骤及方法

导言:一般来说,模型飞机制作是需要按照一定的规程来进行操作的。就青少年而言,不仅要学会操作,更可贵的是熟练操作,因为这对于他们手和脑的协调,对于其技能的训练有着重要意义。历史告诉我们,技术的最原始概念是熟练——熟能生巧,而巧就是技术。所以,制作模型飞机,可以视为是青少年技术教育的启蒙。

(1) 把翼台安装在机身上 (距离机身顶端6厘米),如图3-100所示。

图3-100 在机身上安装翼台

(2) 把螺旋桨安装在机身头部,把尾钩、尾翼架安装在机身尾部,如图3-101所示。

图3-101 在机身上安装螺旋桨

（3）分别把左右机翼折出翼型，然后用贴纸固定；再分别把左右机翼折出上反角，如图3-102所示。

图3-102 机翼固定成型

（4）分别把2片定型片用双面胶带固定在左右机翼下表面的上反角处，如图3-103所示。

图3-103 定型片固定在机翼下表面

（5）把双面胶带的一面粘在翼台上，如图3-104所示。

图3-104 翼台粘上双面胶带

（6）把机翼粘在翼台上双面胶带的另一面上（注意左右机翼要对称），如图3-105所示。

图3-105 机翼粘在翼台上

（7）在机翼合缝处贴上加强胶带，如图3-106所示。

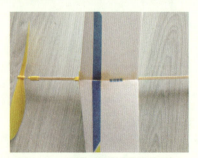

图3-106 机翼合缝处用胶带固定

（8）在机翼合缝处盖上加强片，并扣上小橡筋，如图3-107所示。

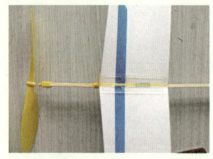

图3-107 机翼合缝处用加强片和橡筋再固定

(9) 在尾翼架的侧边和下表面粘上双面胶带,如图3-108所示。

图3-108 尾翼架侧边和下表面粘上双面胶带

(10) 把水平尾翼贴在尾翼架的双面胶带上(注意水平尾翼要和机翼平行),如图3-109所示。

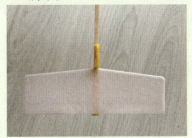

图3-109 水平尾翼贴在尾翼架的双面胶带上

(11) 把垂直尾翼贴在尾翼架的双面胶带上,如图3-110所示。

图3-110 垂直尾翼贴在尾翼架上

(12) 把橡筋打结后绕2圈,然后套在螺旋桨钩和尾钩上(结要放在尾钩处)如图3-111所示。

图3-111 橡筋安装

3.认识4个基本舵面及其作用(表3-5)

表3-5 4个基本舵面及其作用

舵面	作用	舵面	作用
左副翼	向上扳,飞机向左倾; 向下扳,飞机向右倾	升降舵	向上扳,飞机向上; 向下扳,飞机向下
右副翼	向上扳,飞机向右倾; 向下扳,飞机向左倾	方向舵	向左扳,飞机向左转; 向右扳,飞机向右转

4.调试方法

(1) 无动力滑翔

手握模型飞机重心点偏前些的位置,将模型沿水平略向下的方向轻轻送出,观察模型飞机的飞行轨迹,并做相应的调整。

如机头轻,解决方法:升降舵向下;如机头重,解决方法:升降舵向上。

如滑翔过程中模型飞机总向一边倾斜,则可调整副翼。

(2) 小动力试飞

1) 将左副翼略微向下扳0.5毫米,方向舵略微向右扳0.5毫米,设置飞机向右盘旋飞行(盘旋直径约10—15米)。

2) 将橡筋手绕100—150圈后进行放飞(左手拿螺旋桨,右手拿飞机重心偏前处,放飞时先放螺旋桨,后轻轻沿水平方向送出)。观察模型飞机的飞行轨迹,并做相应的调整。

(3) 大动力试飞

1) 将橡筋手绕250—300圈后进行放飞。观察模型飞机的飞行轨迹,并做相应的调整。

2) 基本调整方法参考"(1) 无动力滑翔"。

(朱辰欢、翟立原)

第四部分

让青少年重点体验"创意"的教与学案例

前面我们已经阐述过，追求创新、善于制造和乐于分享是创客特质的最集中体现。如果说善于制造是青少年创客成长的基础，那么，追求创新则是青少年成长的灵魂。因此，在青少年创客活动中，我们把青少年的"创意"能力培养，作为"中级创客"的最主要衡量标准之一。而为培养青少年的"创意"能力，我们推出了6个让青少年体验"创意"的教与学案例，在这里向大家展示。

需要指出的是，创客产生的"创意"，是指具有新颖性、先进性和时效性的想法、构思或设计等。要培养青少年善于发现、探索和提出好的"创意"，就要注重其逻辑思维和创造性思维综合运用技能的整体训练。

如果说学习科学尤其尝试"探究"，是培养青少年逐步形成纵向的有序的思维，即强调因果关系的逻辑思维，那么学习工程技术特别体验"设计",则是使孩子们在纵向的、有序的思维基础上进行横向的无序思维,"这个不行,换那个试试",这种"火花"的闪现就是创造性思维。而体验"创意"的教与学案例,恰恰是融合了逻辑思维和创造性思维的整体培养。

虽然重点是体验"创意",但在给出的教与学案例中,"制作"仍不可忽略,即在活动中"动手"不能离开"动脑",要在"动脑"的基础上"动手"。这就要求加强青少年思维技能的训练,使他们通过活动——特别是与担任指导的科学家、工程师、教师、家长以及其他同伴之间的思维互动,学会分析,学会记忆,并在初步掌握逻辑思维和创造性思维的基础上,"制作"出自己的产品或其他成果。

同时,既然是让青少年通过活动体验"创意",那么对于参与活动的群体而言,每个人的"创意"都应体现个性化——要有新颖性,不能最终"创意"成果完全一样。这就给活动的设计增加了难度。尽管如此,在我们提供的案例中,参与设计的教师、科技辅导员或家长,还是让青少年最终的"创意"成果,至少有3种不同形式或内涵的体现和产出,以此示范出让青少年重点体验"创意"的教与学案例的特点——个性化培养。

构建微型生态系统——创意生态瓶制作活动

就广义而言,创客是指那些具有想象和技能,可以尝试将自己的创意转变为现实作品的人。创客教育则是将创客成长与教育体系相融合,从青少年兴趣出发,以项目为载体,主要运用科技等手段,引导他们将创意转化为具有个性化特征的现实作品,并在上述过程中倡导造物,鼓励分享,培养其跨学科解决问题的能力、团队协作能力和创新能力等。近年来,创客教育越来越受到广大中小学校和校外教育机构的重视,许多各具特色的创客教育活动也应运而生,创意生态瓶制作活动就是其中一例。

众所周知,生态文明已成为现代文明的重要组成部分,同时也是国家对青少年教育关注的重点之一,帮助青少年理解与生态学相关的知识、技能与方法,树立尊重自然、顺应自然的生态文明理念,将可持续发展思想融入其成长过程的各项活动中是非常必要的。

具体来看,创意生态瓶制作活动是指在科技辅导员引导下,青少年自主将所选择的少量植物,以及以这些植物为食的动物和其他相关非生物物质放入一个密闭的广口瓶中,从而构建成一个人工模拟的微型生态系统的创造过程。创意生态瓶的制作受到了许多青少年的喜爱,因为在参与过程中,不仅能有效促进青少年对生态学概念的认知,锻炼其设计和动手技能,还可以提升他们的生态文明意识,在带来美的享受的同时,促进其对创客的理解,以制作出更多个性化的作品。

(一)活动对象

小学高年级和初中一年级的学生20人。

(二)活动时长

90分钟。

(三)活动器材与材料

1.活动器材

玻璃瓶、木塞、镊子、渔网、水桶、盆、小铲、玻璃棒。

2.活动材料

底物:粗砂、石块、自然水体淤泥等。

水:自然水域水、静置48小时的自来水、现取自来水等。

水生植物:小红梅、水蕴草、菹草、浮萍等。

水生动物:鹿齿鱼、红斑马鱼、红绿灯鱼、黑壳虾、麦穗鱼、螺蛳等。

(四)活动目标

1.了解生态学的相关概念,知道生态瓶的组成及各组成部分的作用;认识常见的家养水生动植物及其生长环境;掌握制作生态瓶的技能技巧。

2.体验运用跨学科方式制作人工微型生态系统的过程,感受科学思维和创新思维的方法,体会团队合作的重要性,积累个性化创作经验。

3.通过生态瓶的制作,体会创作的乐趣,领略科学文化和创新文化的触角,感悟正确的自然观、环境观和生态观。

（五）活动过程

1.生态瓶所涉知识介绍及活动小组组建

（1）生态瓶所涉知识介绍

由科技辅导员讲授有关生态瓶概念、所涉原理和组成的要素等知识，时间约10分钟，图4-1为科技辅导员正在指导青少年完成水草的固定。内容包括生态瓶是指由生物成分（植物、动物、微生物等）和非生物成分（水、粗砂、阳光等）组成的人工微型生态系统。在该生态系统中，生产者为水草、藻类等水生植物，消费者为小鱼、小虾、螺蛳等动物，分解者为微生物。在生态瓶中，水藻依靠阳光、二氧化碳和其他营养成分生长，并释放出氧气；小鱼、小虾等动物吸入水藻放出的氧气，呼出二氧化碳。在生态平衡的情况下，生态瓶中的生物不需要喂食、频繁换水就可以正常生存。一般来说，由于生态瓶自身构建所限，不适合放入大型或肉食性鱼类。

图4-1 科技辅导员指导青少年完成水草的固定

（2）活动小组组建：由青少年自由结合，成立4人为一组的活动小组5个。

2.认识和选配生态瓶制作材料及动植物要素

(1) 底物选择：粗砂、石块（图4-2），自然水体淤泥。

图4-2 制作生态瓶所需粗砂、石块

(2) 水的选择（三选一）：自然水域水；静置48小时的自来水；现取自来水。

(3) 水生植物选择

1) 小红梅：一种水草缸中的观赏水草种类，分为水上草和水中草，其中，水中草的叶子颜色为如同草莓的暗红色（图4-3左）。

2) 水蕴草：株体茎呈圆柱形，当水中有泥土时，生长会比较粗壮且呈翠绿色，有净化及美化水质的功能（图4-3右）。

图4-3 水生植物：小红梅（左）和水蕴草（右）

3) 菹草：生于池塘、湖泊、溪流中，尤以静水池塘或沟渠较多，水体多呈微酸至中性，可作绿肥亦有净化水质的功能。

4) 浮萍：喜温气候和潮湿环境，忌严寒，生于水田、池沼或其他静水水域，繁殖极快，易形成密布水面的飘浮群落。

(4) 水生动物

1) 鹿齿鱼：一种小型凶猛类观赏鱼，成体约为5厘米长，有很强的观赏性。

2) 红斑马鱼：性情温和，体长3—4厘米，适宜水温20—23摄氏度，在11摄氏度时仍可生存。

3) 红绿灯鱼：适宜水温22—24摄氏度，避免强光直射，喜欢在幽静水域活动，不宜与大型鱼混养，观赏价值高。

4) 黑壳虾：个体小，以水中杂藻为食，生存能力强，可作为饲料虾使用，最适生活温度是10—30摄氏度，但却能在5—35摄氏度的极限温度生存，甚至可以耐受比5摄氏度更低的温度（图4-4左）。

5) 麦穗鱼：野外适应力极强，常作为饲料鱼使用，从出生到成熟，甚至繁殖下一代只需几个星期（图4-4右）。

6) 螺蛳：一般长在水塘里或者在水库边上，以藻类及水草为食物，可以起到净水作用，同时其代谢产物可促进水草生长。

图4-4 动物：麦穗鱼（右）、黑壳虾（左）

3.确定设计方案(表4-1)

表4-1 生态瓶设计方案

_____ 小组生态瓶设计方案

生态瓶名称			
	请在设计方案拟选定的要素下方打"√"并标出数量		
底 物	粗 砂	石 块	自然水体淤泥
水	自然水域水	静置48小时的自来水	现取自来水
水生植物	小红梅	水蕴草	苲 草	浮 萍
动 物	鹿齿鱼	红斑马鱼	红绿灯鱼	黑壳虾	麦穗鱼	螺 蛳
简述选择的理由:			

确定设计方案时科技辅导员要引导青少年注意以下两点。

(1) 选择的科学性

运用科学思维,根据科技辅导员提供的要素特性,以小组为单位探讨生态瓶的建构理念,运用归纳法把控科学性。其中,生物总数量控制在10以内(水草以根计数,动物以只计数),并确认瓶内生物种类及比例以有利于生态系统循环。

(2) 选择的创新性

运用发散思维,选择体现不同颜色、形状且整体视觉效果和谐的底物、水生植物和动物,以展现各自小组的文化特色与艺术感,体现个性化。

4.生态瓶制作

(1) 由小组指派1名青少年代表领取1只玻璃瓶。

(2) 将上述选择确定的制作生态瓶所需的底物,经过必要处理(如选择粗砂石块作为底物首先进行冲洗）之后放入瓶底（图4-5）。

图4-5 青少年完成底物（粗砂）的放置

（3）将上述选择确定的特定水样，注入玻璃瓶内（注意用玻璃棒引流）。

（4）用镊子将选择确定的水生植物（长度可根据所需调整）插入底物中，并加以固定（图4-6）。

（5）用渔网将先前选择确定的各种水生动物放入已初具雏形的生态瓶中（图4-7）。

图4-6 青少年使用镊子完成水草的固定　　　图4-7 青少年用渔网捕捉动物

(6) 根据设计方案所确定的生物种类、数量及比例,完成生态瓶内生物的调整,最终检查无误后将瓶口封装。

(7) 清理桌面,完成整理工作。

(8) 制作过程中科技辅导员要引导各小组关注以下问题。

1) 在水体的选择上,若选择现取自来水,尽管获取方便,但水中生物会受到氯的影响,容易导致死亡。

2) 生态瓶内氧气和微生物都存于水体之中,当水量过少时不足以满足水草及鱼类等生物的生存。

3) 尽管鹿齿鱼属于小型鱼类,但由于其为肉食性生物,放入条件有限的生态瓶后会令食物链变长,有可能导致在较短时间内该系统生物相继死亡。

4) 动物比例超过瓶内生物体数量的60%时,该系统内生物生存时间会缩短,出现水草被啃食殆尽或缺氧等现象。

5.展示交流

(1) 展示

生态瓶制作完成后,分小组进行作品展示。展示内容包括:生态瓶的名称、设计创意、所选材料及生物的特点、生态瓶放置时需注意的条件等,可以通过小组汇报演示的方式进行。

(2) 评比

给予每个小组4张评价表 (表4-2),评价除自己小组外的作品,作品的总得分最高的小组,即是获得优秀创意生态瓶的作品。

表4-2 生态瓶制作评价表

评价内容		总分	得分
生态稳定性	生物的种类	20	
	生物的比例	20	
创新性	结构创新性	10	
	手段创新性	20	
艺术性	整体美观性	15	
	色彩和谐性	15	
合　计		100	

附: **青少年活动成果举例**

根据科技辅导员已经组织青少年参与上述活动的实际情况来看, 主要涌现出以下3类具有个性化的生态瓶制作作品。

1. 贴近自然型 (图4-8), 水体混浊、选择生物生命力强、贴近自然水体等特点, 具体详见表4-3。

图4-8 贴近自然型生态瓶

表4-3 贴近自然型生态瓶主要内涵及特色

类型	种类	数量	特 点
底物	自然水体淤泥	中等	自然水体淤泥中有大量的无机盐及微生物的成分, 选择这种淤泥更适合瓶内生物的生长
水体	自然水域水	较多	自然水体的最大特点在于富含生物所需的氧气及养分, 尽管在视觉效果上不佳, 但有助于瓶内生物的生存
植物	苲草、浮萍	较多	苲草是常见的水草, 而浮萍则常见于自然水体水面, 观赏性较差但符合自然生态特点
动物	麦穗鱼、黑壳虾	较多	小河中可见的麦穗鱼、黑壳虾是贴近自然型作品中的一般选择
展示形式	表演形式的展示方法很适合贴近自然型作品, 青少年可以通过扮演不同的角色来表现生态系统中各要素间的紧密联系, 引起观赏者的共鸣		

2. 美观鲜活型（图4-9），具有水体清澈、不同颜色水草搭配、观赏性鱼多、表现力丰富等特点，具体详见表4-4。

图4-9 美观鲜活型生态瓶

表4-4 美观鲜活型生态瓶主要内涵及特色

类型	种类	数量	特 点
底物	粗砂、石块	中等	粗砂及石块使生态瓶整体显得立体鲜活，同时保证整洁，在结构及颜色上的搭配也展现出注意视觉美感的特色
水体	静置48小时自来水	中等	静置48小时的自来水（氯气从水中释放出去）不仅保证了生物的生存，还保证了生态瓶的透明度
植物	小红梅、水蕴草、浮萍	较多	观赏性水草是美观鲜活型生态瓶首选的水生植物，通过裁剪，还可获得不同长度的水草来满足视觉需求
动物	红绿灯鱼、红斑马鱼	较多	红绿灯鱼、红斑马鱼是从热带引进的观赏性鱼类，其亮丽的色彩，灵活的身体，可以满足美观的特点
展示形式	美观鲜活型作品倾向于表现力，而激情演讲的展示形式最能彰显青少年个性		

3.简约艺术型(图4-10),具有水体清澈、留有较多空白、水草鱼类种类简单、数量少等特点,具体详见表4-5。

图4-10 简约艺术型生态瓶

表4-5 简约艺术型生态瓶主要内涵及特色

类型	种类	数量	特　点
底物	粗砂	较少	少量的粗砂不会搅浑水体,让生态瓶显得简洁明亮,符合简约艺术型作品的特点
水体	静置48小时自来水	较少	选择静置48小时自来水的原因与美观鲜活型相似,区别在于水量占生态瓶体积的比例要略低
植物	均可	少	在生物选择上突出个体性,尽管种类不受限制,但在数量上会选择1—2根为主
动物	均可	少	相似的,动物在种类上没有限制,但在数量上以1个为主,该风格非常适合观察生物的生存,留有更多的自由空间畅想
展示形式	简约艺术型作品适宜通过小组成员间轻松的交流或模拟访谈等形式,用生活化的语言将设计理念表现出来		

(杨长泓、翟立原)

智能机器人初探——小保安机器人设计制作活动

创客关注造物、崇尚造物，其共同特点就是创新、实践与分享。创客教育着重培养青少年提问、析问、解问与实践的综合能力，将科学探究、技术制作及艺术创作等进行了初步的融合。机器人活动则整合了数学、物理学、信息学等多种学科，通过学习机器人的基本知识与技能，有益于培养青少年的科学素养、信息素养和技术素养，进而提高青少年的创新实践能力。当从创客教育的角度审视机器人活动时，不难发现它为全方位培养青少年的主动探索精神、批判性思维能力、自主创新能力、合作研究能力和艺术创作能力等提供了更为广阔的平台。

小保安机器人设计制作活动是指在科技辅导员引导下，青少年自主选择传感器的类型、决定传感器的数量，并架构于Buddy Robot的机器人原型上，同时自主编译程序，进而使Buddy Robot机器人原型在指定区域内具有快速识别、驱逐入侵物体功能的创制过程。小保安机器人的设计制作之所以受到青少年的喜爱，是因为在参与过程中，不仅能有效促进青少年对智能机器人的认知，锻炼其设计制作的科学思维技能和动手技能，还可以提升他们的信息素养，促进其对创客精神的理解，以制作出更多个性化的智能机器人作品。

（一）活动对象

初中一年级、二年级的学生约20人。

（二）活动时长

2课时，大约90分钟。

（三）活动器材

1.Buddy Robot机器人（X3芯片）8台。

2.传感器：红外测障传感器、声波测距传感器、碰撞传感器、光感传感器各8个。

3.装有Buddy Robot程序的电脑8台。

4.其他：下载线8根，发光球、可乐罐、木块等各2个。

(四)活动目标

1.让青少年了解智能机器人相关概念,感知智能机器人的基本组成及各部分作用;认识常用的传感器及其适用范围;掌握传感器的调试方法及单条件逻辑判断模块的属性设置。

2.体验通过程序设计解决问题的基本过程,感受编程思维和创新思维的方法,体会团队合作的意义,积累个性化创作经验。

3.通过小保安机器人的制作,体会动手实践的乐趣,领略创客文化的内涵,建立对人工智能的客观认识,感悟正确的科学技术应用观。

(五)活动过程

1.背景知识简介及活动小组组建

(1) 小保安机器人背景知识简介

科技辅导员用10分钟时间介绍小保安机器人背景知识,内容包括智能机器人基本构成及小保安机器人的基本特点。首先从基本构成看,智能机器人是一种由传感器(相当于人类的感知器官)、控制芯片(相当于人类的大脑)和伺服电机(相当于人类的肢体等运动器官)构成的智能机械设备,它能对外界的适当"刺激"做出类似于人类的有效反应。其次,小保安机器人作为智能机器人中相对基础的一种,可以通过传感器发现一定范围、一定特征的物体,并通过控制芯片执行相关程序,启动电机运转,进而带动整个机器人对侦测出的物体进行"驱逐"。

(2) 活动小组组建

根据参与活动的青少年的技能特长,由教师指定其3人一组,在合作完成任务的基本原则下,3人分别负责实施机器人组装、程序设计和程序调试的任务。

2.小保安机器人的构成要件

(1) 感知器官：传感器（表4-6）

表4-6 各类传感器列表及图示

类型	类型	感知依据	适用端口	程序模块
红外测障传感器		红外线反射	ADC口	 
声波测距传感器	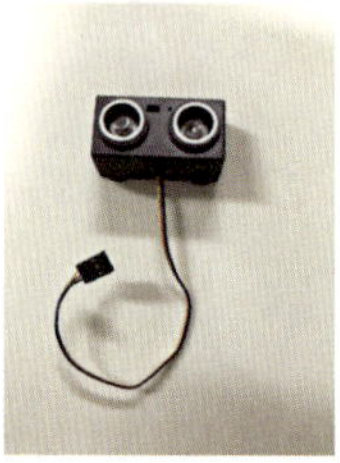	声波反射		说明：如果将传感器连接在ADC串口1，则模拟输入变量为1，依此类推
碰撞传感器	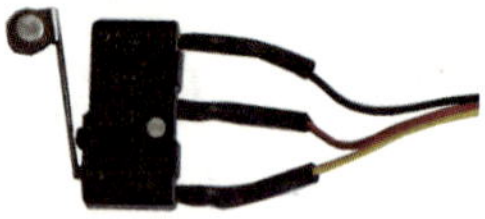	触碰		
光感传感器		光照度	EADC口	扩展模拟输入  说明：如果传感器连接在EADC串口1，则扩展模拟输入变量为1，依此类推

(2) 大脑控制芯片 (图4-11)

图4-11 Buddy Robot机器人X3控制板

图4-11中	1号: 高速模拟输入口ADC 1-13, 连接红外测障、测距与碰撞传感器。
	2-3号: 高速模拟输入口EADC 1-10, 连接光感传感器。
	8-9号: 电机驱动扣DC1-2, 连接电机驱动卡。
	10号: 显示屏插槽, 连接LCD显示屏。
	11号: 电源输入端口PWR。
	12号: 充电接口。
	13号: 电源开关。
	14号: 复位按钮RST。
	15号: 运行按钮RUN。
	16号: 开机指示灯。
	17号: 蜂鸣器SPK。
	19号: 下载口USB, 与电脑通讯、下载程序。

这里还需要说明的是程序模块。程序模块即可由汇编程序、编译程序、装入程序或翻译程序作为一个整体来处理的一级独立的、可识别的程序指令。这里所用的程序模块主要是循环和判断模块，如表4-7所示。

(3) 程序模块列表及图示见表4-7。

表4-7 各类程序模块列表及图示

类 型	结 构	属性设置界面	功 能
 条件循环		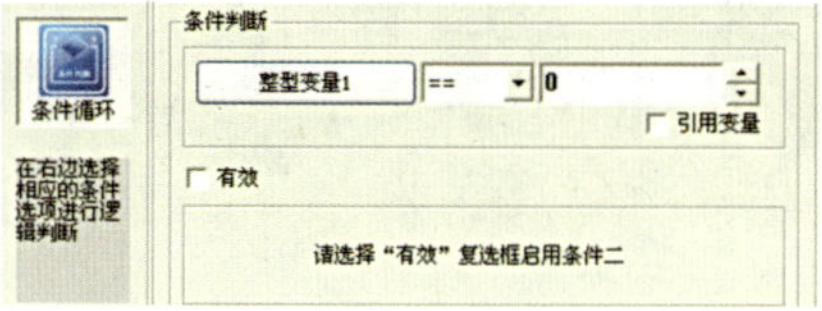	当条件成立时，重复执行循环体内的指令，默认为永远循环
 条件判断			当条件成立时，执行"是"下的指令；当条件不成立时，执行"否"下的指令；均执行一次

(4) 运动器官: 伺服电机

如图4-12所示, Buddy Robot机器人原型已安装两个伺服电机, 每个电机各连接左右两个轮子。

图4-12 Buddy Robot机器人原型

3. 小保安机器人的设计体验 (以传统的红外测障传感器为例)

(1) 传感器安装

将传感器插入Buddy Robot机器人原型正前方的预留孔位, 使用十字螺丝紧固, 并将传感器的连接线接入控制板上的串口ADC1。

(2) 传感器程序编译

1) 在Buddy Robot软件中编制程序, 如表4-8所示。

表4-8 Buddy Robot软件编制程序

流程图	相关模块属性设置	注意事项
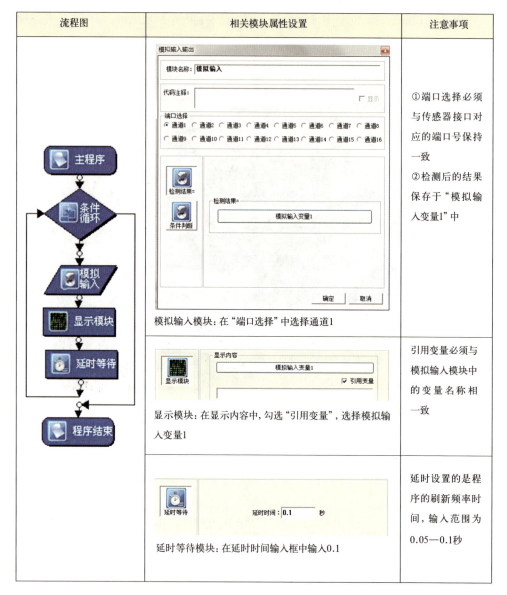	模拟输入模块：在"端口选择"中选择通道1	①端口选择必须与传感器接口对应的端口号保持一致 ②检测后的结果保存于"模拟输入变量1"中
	显示模块：在显示内容中，勾选"引用变量"，选择模拟输入变量1	引用变量必须与模拟输入模块中的变量名称相一致
	延时等待模块：在延时时间输入框中输入0.1	延时设置的是程序的刷新频率时间，输入范围为0.05—0.1秒

2) 将下载线两端分别连接于机器人和电脑的USB口，保持机器人为打开状态，点击下载按钮，完成程序的加载。

3) 启动机器人运行，LCD屏幕上将显示一个数值，反映的是入侵物体与机器人间的距离，数值越大，说明两者距离越近。

(3) 主程序编制

1) 主程序将实现机器人的"保安"功能。程序流程图及模块设置等见表4-9。

表4-9 主程序流程及模块示意

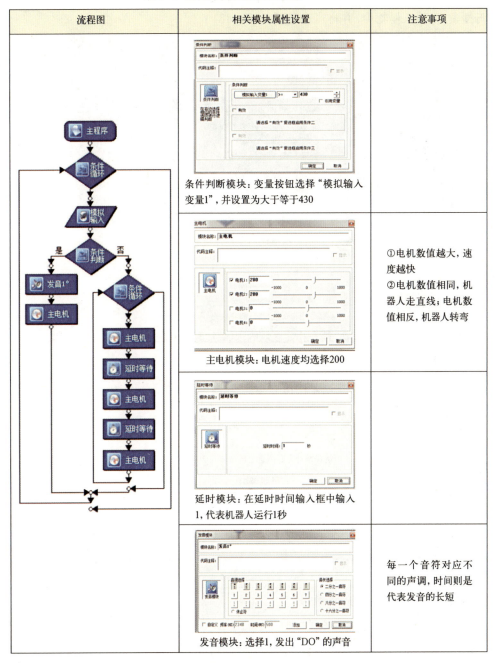

流程图	相关模块属性设置	注意事项
	条件判断模块：变量按钮选择"模拟输入变量1"，并设置为大于等于430	
	主电机模块：电机速度均选择200	①电机数值越大，速度越快 ②电机数值相同，机器人走直线；电机数值相反，机器人转弯
	延时模块：在延时时间输入框中输入1，代表机器人运行1秒	
	发音模块：选择1，发出"DO"的声音	每一个音符对应不同的声调，时间则是代表发音的长短

2) 将下载线两端分别连接于机器人和电脑的USB接口，保持机器人打开状态，点击下载按钮，完成程序的加载。

3) 将机器人放入指定位置后启动，机器人会在区域范围内根据程序预设的路线进行搜索，发现入侵物体，并将其"驱逐"（图4-13）。

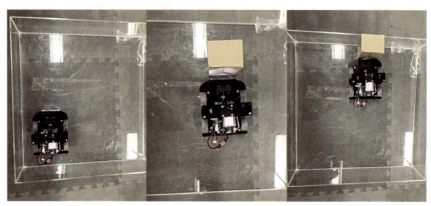

图4-13 机器人发现入侵物体进行驱逐示意

4.自主设计展示

(1) 设计目标

设计一款小保安机器人，能在指定区域内，以最短时间发现入侵物体，并完成"驱逐"。

(2) 设计方案 (表4-10)

表4-10 保安机器人设计方案

_____ 小组保安机器人设计方案

机器人名称				
请在设计方案拟选定的要素下方打"√"				
传感器 (标明数量)	红外测障	声波测距	碰 撞	光 感
主要模块	模拟输入	条件循环		条件判断
其他模块	列举：			
简述上述选择的理由及预计实现的功能：				

确定设计方案时科技辅导员要引导青少年注意以下两点。

1) 设计的科学性。运用科学思维,根据科技辅导员提供的要素特性及制作技巧,以小组为单位探讨小保安机器人的设计理念,选择适当类别、适当数量的传感器,实现小保安机器人在最短时间内完成发现、报警、驱逐入侵物体的任务。

2) 设计的创新性。运用发散思维,在设计中既使小保安机器人的整体视觉效果和谐,又能体现各个小组的个性特征,同时在主程序的编制中,也能使复杂问题简单化,巧妙运用条件循环、多次循环、条件判断模块进行组合,完成任务。

(3) 设计制作

根据科技辅导员提供的制作步骤,各小组完成作品的设计制作,过程中科技辅导员要引导各小组关注以下两个问题。

1) 竞技区域四周竖有围板,如何区分围板与入侵物体,是需要青少年在进行主程序编制时就仔细考虑的问题,最直接的方法就是通过运行时间的设置,辅助进行入侵物体的判别,避免发生误判。

2) 传感器在连接X3控制板时,对应不同的串口,进而对应有不同的模拟变量输入,在主程序编制时,要做到一一对应,避免混淆。

(4) 作品评价表 (表4-11)

表4-11 小保安机器人设计制作评价表

评价内容		总分	得分
科学性	传感器的选择	20	
	传感器的安装	20	
创新性	传感器的组合	15	
	主程序的设计	15	
实用性	发现入侵物体的效率	20	
	驱逐入侵物体的效率	10	
合 计		100	

根据科技辅导员已经组织青少年参与上述活动的实际情况来看,主要会涌现出以下3类具有个性化的小保安机器人作品。

1.单感官型小保安机器人(图4-14),主要特点见表4-12。

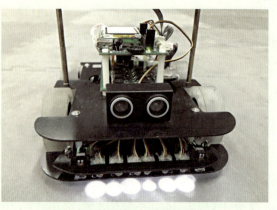

图4-14 单感官型小保安机器人

表4-12 单感官型小保安机器人主要特点

类 型	种 类	数 量	特 点
传感器	1	1	单感官型小保安机器人只安装一类传感器,根据安装传感器的不同,能发现的人侵物体也不同。例如,红外测距传感器对实体入侵物体较敏感;声波测距传感器对体积较大物体较敏感;光感传感器对发光物体较敏感;触碰传感器适用各类入侵物体,相对准确。此类型的小保安机器人在其主程序的编制上,也较容易,通常只包含1-2个循环模块、1个条件判断模块、2个电机运行模块和2-3个延时等待模块,就能实现报警和驱逐功能。整体而言,单感官型小保安机器人具有主程序编制简易、使用材料少的优势,但判断入侵物体的时间相对较长、灵敏度相对较低
主程序			

2. 双组合型小保安机器人（图4-15），主要特点见表4-13。

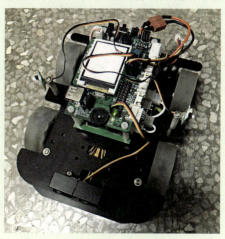

图4-15 双组合型小·保安机器人

表4-13 双组合型小保安机器人主要特点

类 型	种 类	数 量	特 点
传感器	2	2	双组合型小保安机器人安装有两类传感器，识别出的入侵物体更为全面，且效率也相对较高。在主程序的编制上，由于使用了两类传感器，流程稍显复杂，通常包含2个循环模块、2个条件判断模块，1个电机运行模块和1个延时等待模块。整体而言，双组合型小保安机器人发现入侵物体的效率较高，但程序编制难度有所提升
主程序	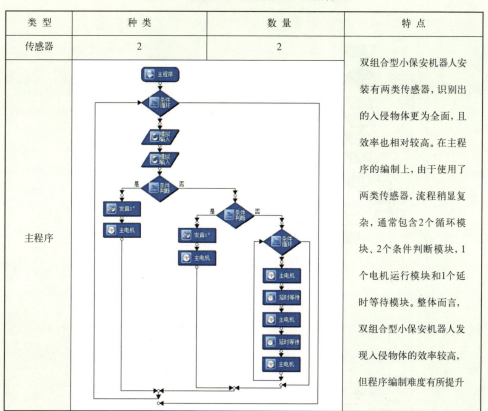		

3. 多组合型小保安机器人（图4-16），主要特点见表4-14。

图4-16 多组合型小·保安机器人

表4-14 多组合型小保安机器人主要特点

类 型	种 类	数 量	特 点
传感器	≥2	>2	多组合型小保安机器人安装有至少两类传感器，且数量在两个以上，能识别出大部分入侵物体并快速做出反应。相较之前的两类，多组合型小保安机器人在入侵物体的发现上具有效率高、精度高的特点。但也正是由于其使用多种传感器，在安装上难度相较偏高，此外，在主程序编制上，难度也明显提升，通常由多个循环模块和多个条件判断模块结合而成。整体而言，多组合型小保安机器人具有发现入侵物体效率高、精度高的优势，但程序编译难度也相应提高
主程序	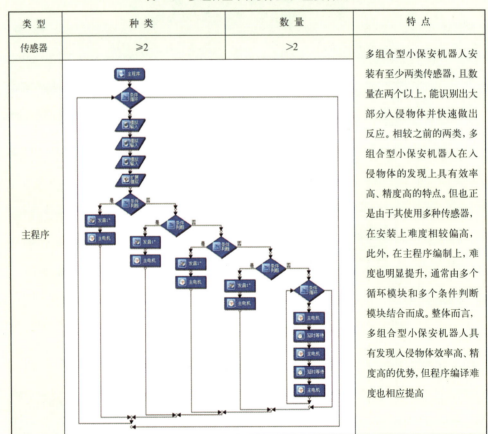		

上述个性化成果的出现，实际上表明青少年通过参与小保安机器人设计制作活动，已初步感受到创新性思维的魅力——组合就是解决问题的方法之一，组合就意味着创造。

（陈宏宇、翟立原）

我们的校园——3D建模打印活动

每个青少年都可以成为创造者，因为他们都具有创造潜能。创客教育正是要激发这种潜能，促使青少年去思索，去动手，去发明，去创造。这里要介绍的，是综合了信息科学、计算机技术、工程学、物理学、数学、艺术等多元学科的3D建模打印活动。该项活动以"创意"的"可视"和"造物"的"便捷"，唤起了广大青少年浓厚的兴趣。他们在活动中通过学习应用简易建模软件和3D打印实体的方法，发展自己的立体空间思维，实现虚拟世界与实体世界的有机结合，培养自主创新意识，丰富自身创新实践。该项活动以独具特色的开发动手和动脑相结合的能力，使创客教育的目标能够完美呈现。

"我们的校园——3D建模打印活动"是在科技辅导员的指导下，青少年使用三维制图软件进行校园模型的绘制，他们可以自主设计校园建筑造型，并通过3D打印机将模型变为实物。在上述活动过程中，青少年不仅能够了解什么是3D建模打印，还可以亲身体验设计三维模型并进行打印，使他们感受到设计的乐趣与打印模型的魅力，有益于其对创客精神和创客文化形成更深层次的理解。图4-17为科技辅导员在指导青少年体验3D打印。

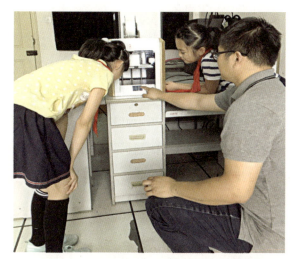

图4-17 科技辅导员指导青少年体验3D打印

（一）活动对象

初中一年级、初中二年级的学生约20人。

（二）活动时长

3课时，大约120分钟。

（三）活动器材

1.装有CAD 2010的XP电脑20台。

2.3D打印机5台。

3.红色、黑色、蓝色、绿色、白色ABS塑料线各1卷。

4.小铲子5把。

（四）活动目标

1.让青少年了解3D打印的相关概念，学习图形设计，初步掌握三维制图软件的使用方法，熟悉3D打印机的工作原理。

2.体验图形设计与3D建模打印的基本过程，发展立体空间思维。

3.通过"我们的校园"建模打印，体会虚拟化为现实的乐趣，感悟创客文化的内涵。

（五）活动过程

1.背景知识简介

科技辅导员用大约10分钟的时间介绍3D建模打印活动的背景知识，内容包括3D打印的基本原理以及三维软件的介绍。3D打印是一种快速成型技术，它通过逐层堆积的打印方式来构造物体，而三维模型则是使用三维制图软件进行绘制。本次活动将选用AutoCAD 2010作为绘图软件进行图形设计。"我们的校园"3D建模打印活动是让青少年使用CAD软件设计心目中的校园，绘制三维建筑模型并通过3D打印机将设计模型转为实物。

2.3D建模基础命令

启动AutoCAD 2010软件,执行"视图"—"三维视图"—"西南等轴测"命令,进入三维绘图界面 (图4-18)。

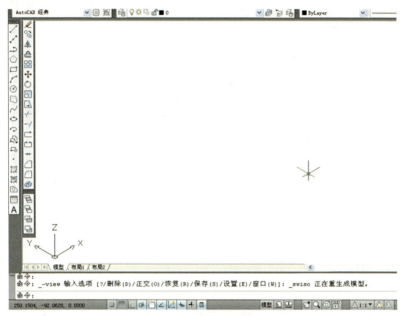

图4-18 三维绘图界面

(1) 基本立体图绘制示意 (表4-15)

表4-15 基本立体图绘图界面

基本立体图	绘制步骤	基本效果
长方体	1.绘图-建模-长方体 2.根据所需长、宽、高输入数值,此处注意,输入数值的单位为毫米 52.658　　18.0533　　指定其他角点	

续 表

基本立体图	绘制步骤	基本效果
圆锥体	1.绘图—建模—圆锥体 2.根据所需输入底圆半径和圆锥高度 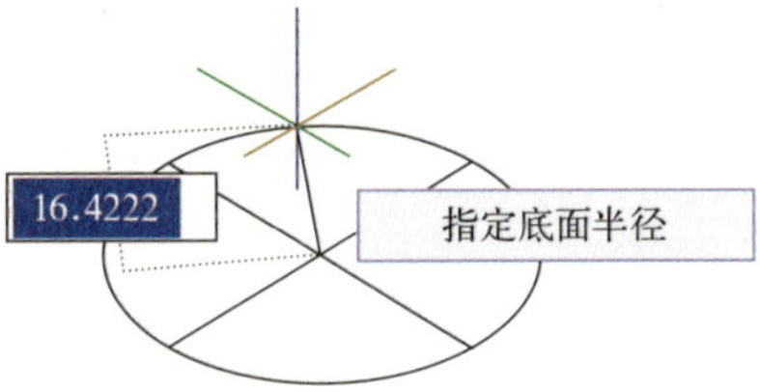 16.4222　指定底面半径	
球 体	1.绘图 — 建模 — 球体 2.根据所需输 入球体的半径 36.75　指定半径 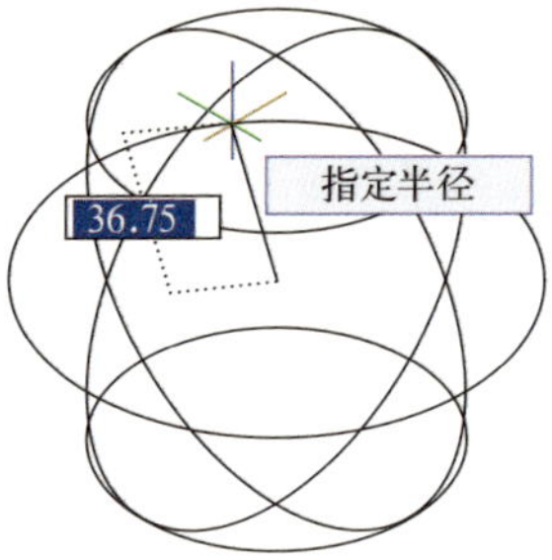	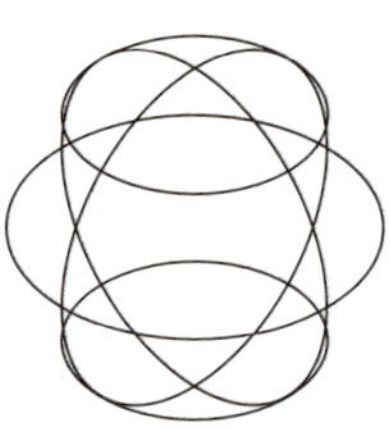
圆柱体	1.绘图 — 建模 — 圆柱体 2.根据所需输入圆柱体的半径和高度 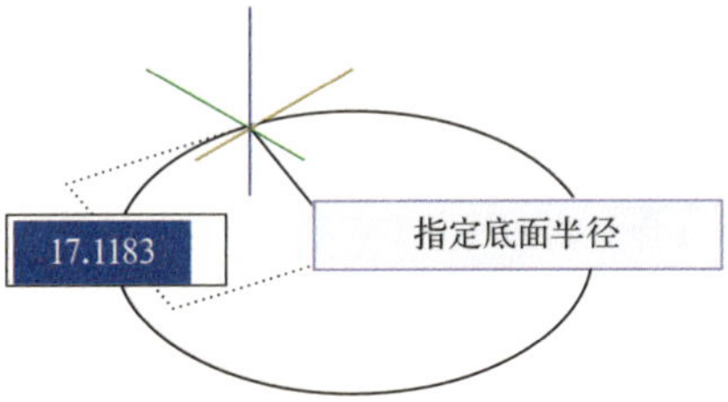 17.1183　指定底面半径	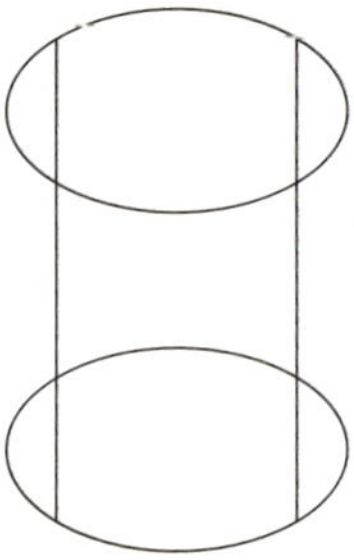
棱锥体	1.绘图 — 建模 — 棱锥体 2.根据所需输入棱锥体的半径数值和高度数值 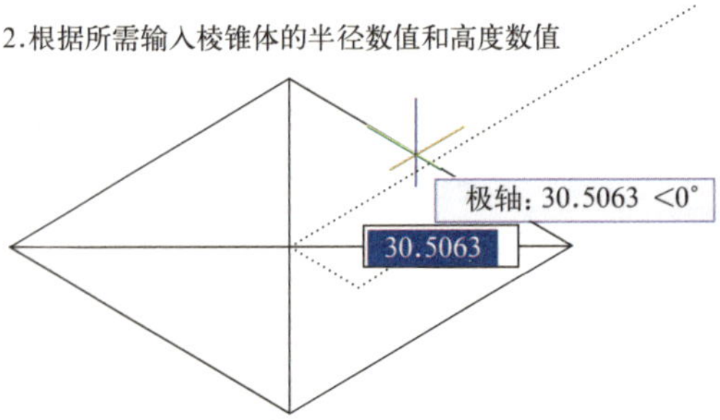 极轴: 30.5063 <0° 30.5063	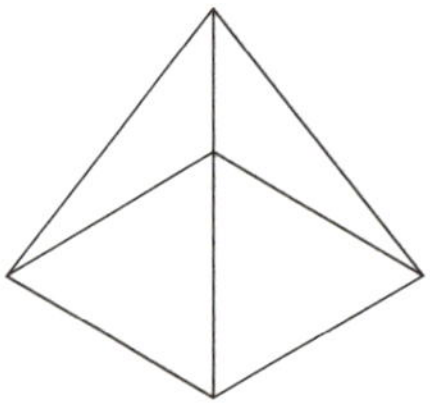

（2）三维修改

三维修改命令集中于"修改"—"实体编辑"的子菜单下，本次活动中，主要使用其中的差集、并集与交集（表4-16）。

表4-16 三维修改基本命令

三维修改	功能描述	效果示例
并集	将两个叠加的不同立体图形合并在一起	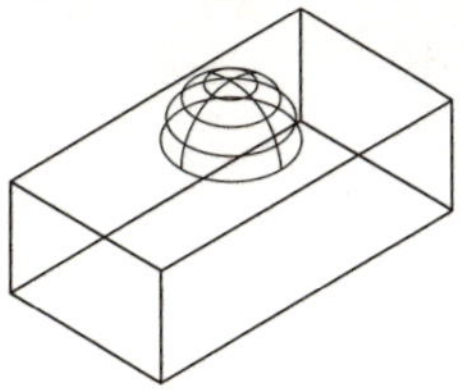 立方体与球体的并集
差集	扣除两个叠加的不同立体图形中的一个，形成凹槽或者空心	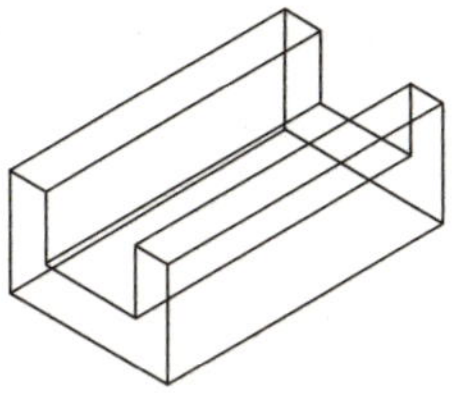 立方体与立方体的差集
交集	将两个叠加的不同立体图形共同部分保留	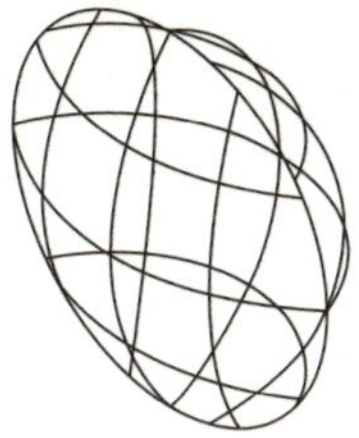 球体与球体的交集

(3)其他常用命令（表4-17）

表4-17 其他常用命令介绍

名称	功能
移动（左方工具栏中） 　移动 ⇨	让三维立体图随着鼠标随意移动

续 表

名　称	功　能
对象捕捉（下方状态栏中）  **对象捕捉**	在立体图形移动，或将另外一个物体绘制在原先物体上的时候，提供一个可以参考的点
左侧绘图快捷工具箱	直线、圆等基本图形的绘制与编辑
底部提示命令栏 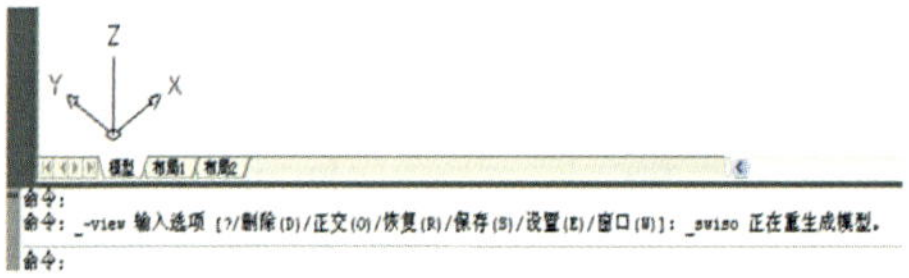	可根据其中提示文字进行绘图

3."我们的校园"设计体验（表4-18）

表4-18 设计体验过程列表及图示

操作步骤	绘图方法	效果图
绘制底座	使用绘制立方体命令，完成长100毫米、宽100毫米、高2毫米长方体底座的绘制	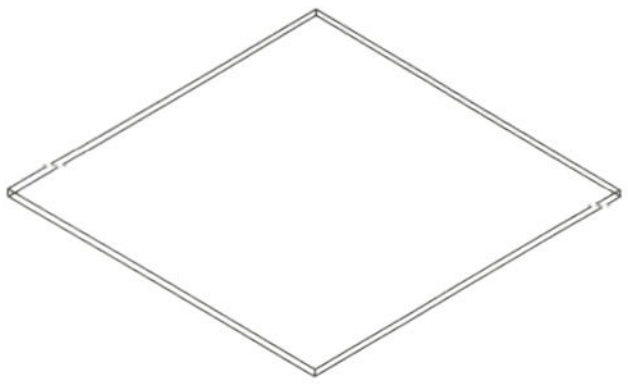
绘制围墙	使用绘制立方体命令，在底座边缘绘制长100毫米、宽2毫米、高10毫米的长方体	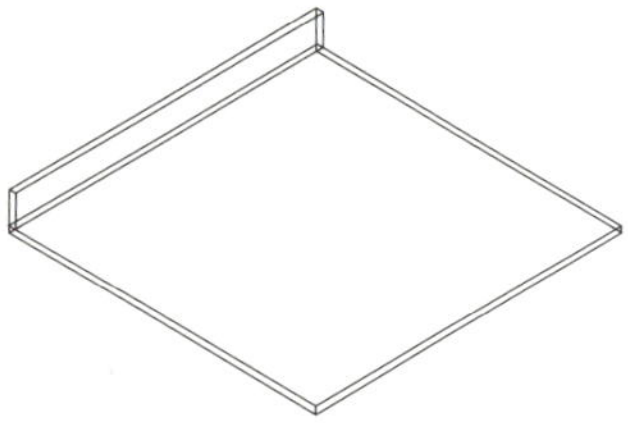
	重复上述操作，将围墙的另三边绘制完成	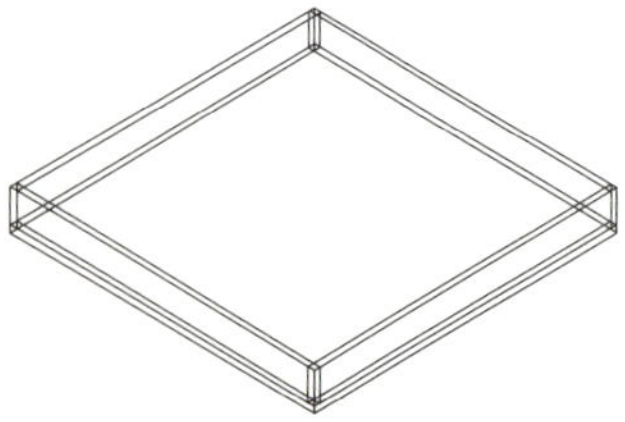

续 表

操作步骤	绘图方法	效果图
绘制校门	使用绘制立方体与差集命令,在前端围墙处,制作一个校门	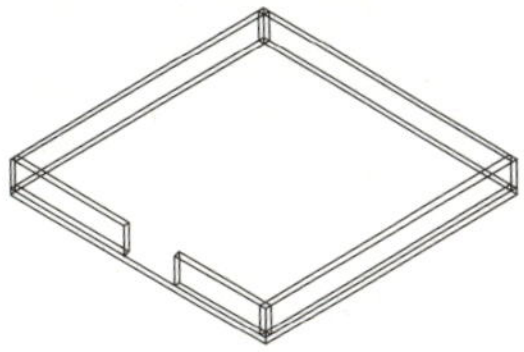
绘制教学楼	使用绘制立方体命令,在底座左右两侧各绘制一个长60毫米、宽30毫米、高50毫米的立方体,作为教学楼	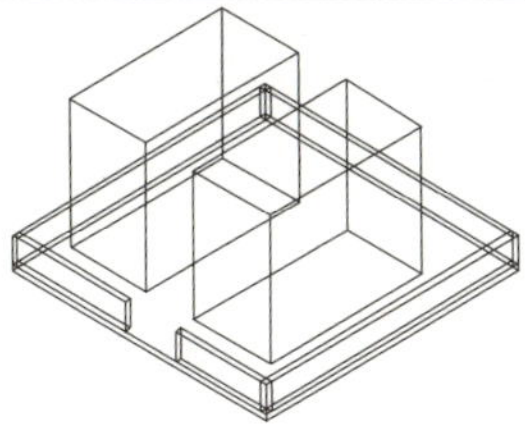
绘制过道	使用绘制立方体与并集命令,在两幢教学楼之间创建一条过道	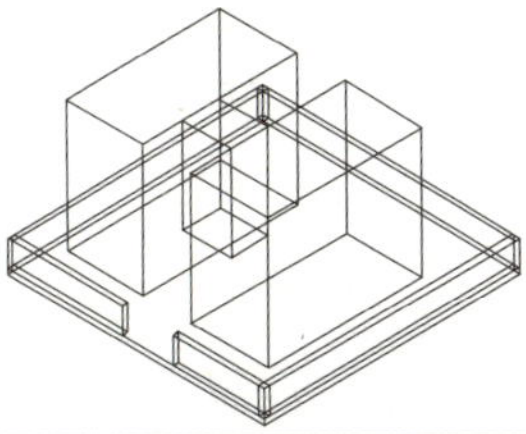
装饰屋顶	使用绘制棱锥体命令为教学楼的屋顶添加坡顶	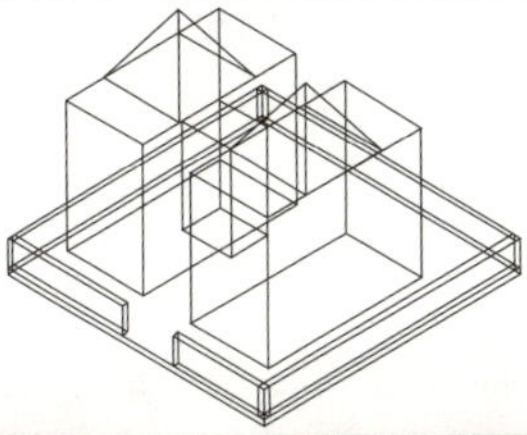
查看效果	使用视图—渲染—渲染命令,查看绘制的图形效果	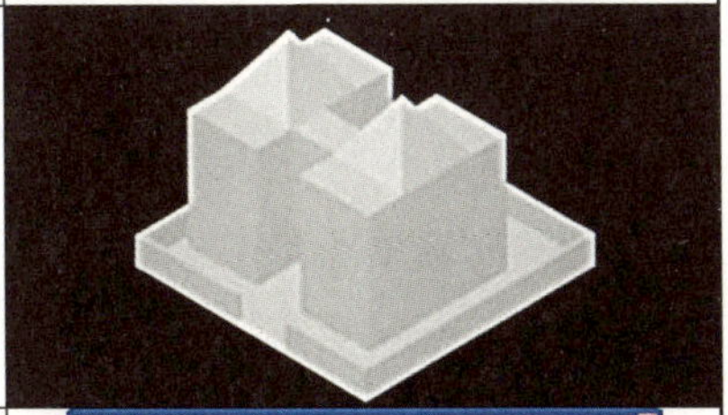
输出3D打印格式	使用文件—输出命令,在文件类型中选择STL格式,导出3D打印机可读写的文件格式	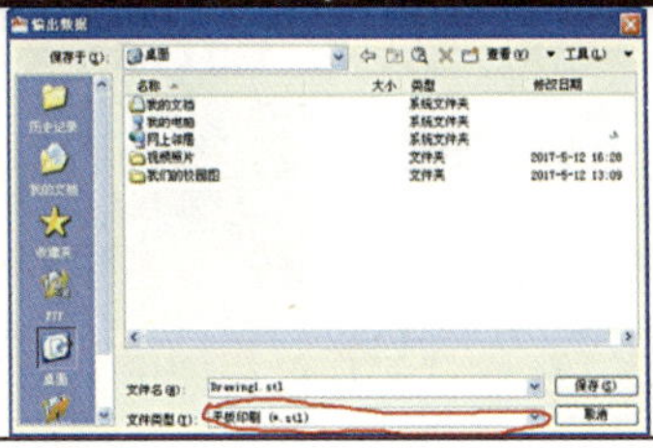

4.自主设计展示评价

(1) 设计目标要求

设计心目中的理想校园,具备校园应有的基本功能,并能通过3D打印机将图形化为实物。

(2) 设计方案评价 (表4-19)

表4-19 "我们的校园"设计方案评价

校园名称					
请在设计方案拟使用的主要编辑命令下方打"√"					
立体绘图	长方体	球 体	圆柱体	圆锥体	棱锥体
三维修改	并 集		差 集		交 集
校园设计草图:					
简述设计理由及实现功能:					

展示评价时,科技辅导员要引导青少年注意以下两点。

1) 设计的科学性

运用科学思维,根据科技辅导员介绍的绘图、编辑命令和制作方法,进行校园的设计,校园的建筑应具有基本的教学功能,符合建筑的基本结构要求。

2) 设计的创新性

运用创新思维,在校园的设计过程中,不仅能实现校园整体视觉效果的和谐,满足基本教学功能需求,还能大胆创新,通过校园建筑及布局的文化、艺术和功能差异,体现作品的个性化。

(3) 设计制作过程评价

根据科技辅导员提供的绘制流程,完成作品的设计制作,过程中要注意是否关注了以下问题。

1) 草图应尽量简化,由五大基本立体图形构成,超出范围则有可能无法在AutoCAD 2010中绘制完成。

2) 在软件中进行绘制时,必须先建立底座,才可根据草图绘制图形,绘制时注意各立体图形间的绘制顺序。

3) 绘制完成并输出3D格式文件后,由科技辅导员进行切片,并导入3D打印机进行打印。

(4)建模及打印作品评价(表4-20)。

表4-20 "我们的校园"建模及打印作品评价表

评价内容		总分	得分
建模效果	外形美观	20	
	结构合理	20	
设计思路	功能实用	10	
	理念创新	10	
打印作品	操作可行	20	
	模型质量	20	
合　计		100	

附: 青少年活动成果举例

根据科技辅导员已经组织青少年参与上述活动的实际情况来看,主要会出现以下4类具有个性化的校园设计作品。

1.基本达标型(表4-21)

表4-21 基本达标型特点及代表作品

特点	代表作品
此类作品基本由长方体构成,部分在教学楼屋顶设计有坡顶,可以满足基本的校园教学功能	

2.功能拓展型（表4-22）

表4-22 功能拓展型特点及代表作品

特　点	代表作品
此类作品能熟练运用各类立方体绘制命令及并集、差集、交集这三种编辑命令，整体设计中不仅考虑满足基本的校园教学功能，还能进行适当扩展，考虑师生休闲、校园景观等拓展功能	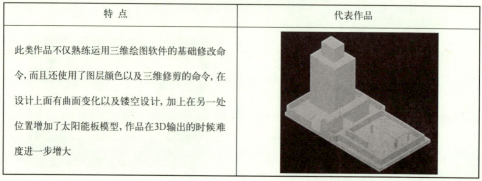

3.未来畅想型（表4-23）

表4-23 未来畅想型特点及代表作品

特　点	代表作品
此类作品不仅熟练运用各类立方体绘制命令及并集、差集、交集这三种编辑命令，在整体设计上有较大的视觉冲击，有基本的校园教学功能，也有超前的想象，如小隔间、走廊、篮球架等。此类作品在3D输出打印上具有一定难度	

4.绿色节能型（表4-24）

表4-24 绿色节能型特点及代表作品

特　点	代表作品
此类作品不仅熟练运用三维绘图软件的基础修改命令，而且还使用了图层颜色以及三维修剪的命令，在设计上面有曲面变化以及镂空设计，加上在另一处位置增加了太阳能板模型，作品在3D输出的时候难度进一步增大	

实际上，如果科技辅导员引导得当，参与活动的青少年还会在纵向思维—逻辑思维的基础上，不断萌发横向思维—创造性思维，使更多的创意从建模化作实物，因而也就会有6种、8种乃至10余种各具特色的"我们的校园"3D打印作品诞生。

（陈宏宇、翟立原）

创意纸电路——"炫彩发光画"设计制作活动

"创客"指具有创新理念，能够付诸行动并取得成效的人。近年来，创客教育越来越受到广大中小学校、社会教育机构和众多家庭的关注。许多科技工作者、教师和家长正在尝试通过各具特色的以青少年为对象的创客活动，传承社会创新文化"基因"，从而为"自下而上"的社会化"大众创业，万众创新"奠定基础，催生新一代具有"工匠精神"的各行各业人才。创意纸电路设计与制作活动就是应运而生的青少年创客活动中的一例。

什么是纸电路？顾名思义就是可在纸上"铺设"的电路。它是以可粘贴的导电胶布作为主要材料，通过导电胶布连接可快速在纸上搭建出各种极具趣味的应用电路。纸电路这种连接方式让教科书中原本枯燥的电学、光学、声学原理在拼拼贴贴中轻而易举地展示了出来，使青少年在安全、便捷的动手操作中就可以进入其乐无穷的电子世界。

从艺术教育的视角来看，纸电路的应用，实际上是将复杂的电子制作技术艺术化。在这里，电路设计不再是冷冰冰的导线，可拼可贴的纸电路恰似在青少年的手中翩翩起舞。这里所介绍的"炫彩发光画"的设计制作，就是将纸电路如你所愿摆成各种造型，融入一幅幅艺术创作画中。这种充满艺术气息的纸电路创意设计与制作活动，将科学、技术、工程与艺术相结合，使青少年创意能够得到更丰富的展现，是提升他们科学素质和艺术素质的良好载体。

（一）活动对象

小学四年级至五年级的学生约20人。

（二）活动目标

1.了解电路的基本知识，如闭路、开路、短路等。

2.掌握并理解LED光源和电源的连接方式，对串并联电路有初步的了解。

3.能够自己排除一些基本的电路故障问题，如LED光源不亮等。

4.掌握水彩笔、蜡笔或者水粉的上色方法，对颜色搭配选择有一定的艺术理解。

5.提高动手能力，尝试在材料有限的情况下做出质量良好的"炫彩发光画"。

（三）活动时长

3课时，约90分钟。

（四）活动器具与材料

1.活动器具

垫板20块、剪刀20把。

2.活动材料

电路部分：导电胶布20卷、彩色LED发光二极管100只、纽扣电池20枚。

涂色部分：未上色的系列画坯纸、水彩笔及颜料等（图4-19，图4-20）。

图4-19 青少年在画坯纸上进行涂色

图4-20 青少年在画坯纸上进行涂色

（五）活动过程

1.背景知识简介及活动小组组建

(1)"炫彩发光画"设计与制作所涉知识简介

由科技辅导员用10分钟的时间讲授有关纸电路概念、所涉原理和工具的使用等知识。内容还须包括下述两点。

1) 彩色LED光源介绍：本次活动使用的彩色LED光源是由5个彩色LED发光二极管组成的，每个彩色LED发光二极管长脚为正极，短脚为负极。青少年在科技辅导员的指导下设计自己所选画坯纸上LED光源的位置，再用涂色工具在画坯纸上搭配与LED光源相宜的颜色，完成画作。

2) 导电胶布介绍：导电胶布和导线一样，是导电的元件，不同的是导电胶布一面有黏性便于粘贴在纸上，这样使电路制作非常简单直观，适合电子制作的初学者使用。

(2) 活动小组组建

由青少年自由结合，成立4人一组的活动小组。

2.确定作品的设计方案

首先，从给定的未上色系列画坯纸中，根据小组成员艺术视角，选取一致看好的构图内容(表4-25)。

表4-25 "炫彩发光画"设计方案

"炫彩发光画"名称			
请在设计方案拟选定的要素下方打"√"			
画胚内容选取	并 集	差 集	交 集
选择上色工具	并 集	差 集	交 集
配色方案 简要描述			

接着,在选定的未涂色的画坯纸上布局5个位置开十字口,在垫板相应位置做好标记,确定电池、开关的位置及电路布线;根据LED光源颜色和构图的内容确定画面的颜色搭配。

最后,确定设计方案时科技辅导员要引导青少年注意以下两点。

(1) 选择的科学性

运用所学到的电子知识,根据科技辅导员的指导,合理使用导电胶布设计LED发光电路,在不影响电路和画面的情况下选择合适的位置放置电池和开关。

(2) 选择的艺术性

选择不同颜色来搭配画面和LED光源,展示自己作品的艺术感,体现个性化。

3. "炫彩发光画"制作过程

(1) 由小组指派1名青少年领取套材。

(2) 根据之前的设计进行导电胶布的拼贴和元件的固定,使LED光源都能点亮。

(3) 使用涂色工具对画面进行涂色,完成后将电路部分和图画结合。

(4) 清理桌面,完成整理工作。

(5) 制作过程中科技辅导员要引导青少年注意以下问题。

1) 工具的正确使用。

2) 拼贴导电胶布的合理性。

3) 电路设计的合理性。

4) 画面和LED搭配的艺术性和创新性。

4.具体制作步骤

第一步,首先在画坯(图4-21)上选择要布置彩色LED发光二极管和开关的位置,做好标记,所用基本工具与材料如图4-22所示。用剪刀在图中相应位置开"十字口",如图4-23所示。再将塑料垫板放置于画面后,用记号笔在垫板相应位置标记彩色LED发光二极管和开关并选择电池位置,最后按照元件位置画出电路图。

图4-21 绘有"小·矮人"的画坯

图4-22 基本工具与材料

①电池;　　②彩色LED发光二极管;

③胶布;　　④剪刀

第二步,按照设计的电路贴导电胶布,制作时要在开关、电池和彩色LED发光二极管的位置留0.5—0.8厘米的空隙放置元件;遇到电路折角时,可以用另一条胶布直接覆盖上去即可(图4-24、图4-25、图4-26)。

图4-23 开口前后示意

①五角星中心处未开口;　　②五角星中心处开口

第三步，电路布置好后，就要处理LED光源、开关和纽扣电池。

彩色LED发光二极管长脚为正极，短脚为负极，按照图4-27把5个彩色LED发光二极管处理完成。

纽扣电池（图4-28）有"+"面引出的管脚为正极，另一根管脚为负极，按图示进行处理。

图4-24 折角贴法示意

图4-25
胶布完成（元器件未安装）

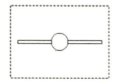 

图4-26 彩色LED发光二极管折角示意

图4-27 彩色LED发光二极管弯角处理完成

图4-28 支架纽扣电池

第四步,将LED光源与电池分别安装在垫板上,并用胶布粘贴牢固(图4-29)。需要注意的是,彩色LED发光二极管有单向导电的特性,所以其正极与电池的正极必须方向一致,否则无法发光。

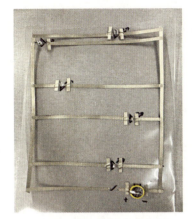

图4-29 电路元件固定完成实际

开关制作的时候要注意剪下的导电胶布长度要够长,按照图4-30所示步骤完成。

图4-30 开关制作示意

最后按下开关,5个彩色LED发光二极管都点亮,则电路部分完成(图4-31)。

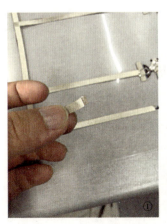

图4-31 开关制作实际

①用作开关的导电胶布;　②开关安装完毕

5.展示交流

（1）"炫彩发光画"展示

作品制作完成后，每组选派1人上台进行展示，并且介绍自己的作品设计思路，包括画坯内容和颜色选择的思考。

（2）作品评比

给予每位青少年1张下述的评价表，评价除自己外的作品，作品的总得分最高的青少年，即是获得优秀"炫彩发光画"的作品（表4-26）。

表4-26 "炫彩发光画"设计制作评价表

评价内容		总分	得分
电路设计（发光）	管发光的数量（5个）	25	
	导电胶布连接质量	25	
艺术体现（炫彩）	色彩搭配	20	
	上色手法	20	
	发光彩管与画面契合度	10	
合　计		100	

附：青少年活动成果举例

根据科技辅导员已经组织青少年参与上述活动的实际情况来看，主要涌现出以下3类具有个性化的"炫彩发光画"设计作品。

一、画坯内容选择的个性化

本次活动给定的画坯提供了3种不同的内容风格，各小组依据自己的艺术视角，有选择"小矮人"内容的，有选择"松鼠"内容的，也有选择"木屋"内容的，体现出参与活动青少年的不同个性特征。

二、上色手法运用的差异化

在选择上色工具的时候，由于水彩笔使用的方便程度较高，大部分青少年都选用水彩笔上色，而高质量的作品也不少。

除了水彩笔上色,还有几位青少年使用了其他的上色方式,如下:

1.水粉上色 [水粉上色(图4-32)较之于水彩笔(图4-33)上色,渲染效果强很多,渐变色容易展现,但上色需要青少年有一定的美术基础,对速度要求也比较高,难度大]:该作品使用水粉涂色,上色手法比较娴熟,以红、绿色调的撞色风格,充分体现出圣诞气息,颜色搭配协调,但涂色追求速度,有些区域颜色超出画面,影响了整体的美观。

2.根据画面特点的创新上色(在未把画面全部涂满的情况下,根据画面的特点进行上色,比全部涂满颜色更加有特色且非常节约制作时间,可以更好地完成电路部分制作,如图4-34所示):从作品看来青少年想法十分独特,一大部分留白体现出冬季下雪的感觉,对局部上色体现物体原有的色彩并增强了透视感。但也由于留白部分过多,画面较单一,画面感不丰富。

图4-32 水粉画纸电路

图4-33 水彩笔画纸电路

图4-34 创新上色方法的纸电路

三、LED光源选择的多样化

如果参与活动的青少年选用三色LED发光二极管（共阳极发光二极管，就是把3个不同颜色的发光二极管芯片封装在一个透明的材料内，共用一个正极，负极分别引出）代替彩色LED发光二极管，则可呈现不同颜色的光，使青少年的个性化创作更容易体现。

（闻 章、翟立原）

自动避障小车——乐高机器人创意制作活动

随着创客浪潮在世界范围内的蓬勃发展，创客教育也越来越受到社会的重视。与传统的科技教育不同，创客教育不是单纯的小发明或小制作活动，也不是某种技能的习得或某项学科的竞赛较量，它更多地着眼于在实践过程中培养青少年的创新精神和创造能力。而作为"造物者"的青少年，其创新的多样性亦决定了创客教育的丰富性，其内涵包括勤于思考、大胆质疑、勇于探索、不断创新、坚韧求真、注重合作等；相应的能力培养也可具体化为观察能力、思维能力、操作能力、交流能力和学习能力等。

机器人是具有一定智能并可以自动完成相关工作的特定装置。机器人搭建则是一种能展现青少年想象力、创造力、合作能力、学习乐趣并获取与机器人相关科学知识、技能和方法的活动。来自丹麦的乐高公司推出的标准机器人教学器材，是一款可以编程的机器人拼接套装，其集合了可编程主机、伺服电机、传感器以及一些可以快速拼装的零部件，它还有一些设计好的机械模块，可以让青少年快速拼装出一些复杂的结构。

在创客教育的大背景下，以编程机器人搭建为主的乐高机器人活动，已欣然显现出其作为创客体验活动载体的优势。青少年可以通过编程命令（图形编程）来控制机器人，创建出能够移动、会发出声音乃至对外界环境变化做出反应的机器人，这就大大激发了青少年学习的兴趣。而通过图形编程语言，在不需要编码的情况下，像搭积木一样构建项目，可以激励青少年将创意转换成游戏、项目或者动画故事，并将成果在网络上进行传播。这里所述的自动避障小车的设计制作,即是众多乐高机器人创意制作活动中的一种。图4-35为青少年正在进行乐高机器人搭建。

图4-35 青少年正在进行乐高机器人搭建

(一)活动对象

具有乐高机器人搭建初步体验的小学高年级或初中一年级的学生20人。

(二)活动时长

90分钟。

(三)活动器材

1.LEGO EV3教育版套装10套,每套内含EV3主控制器、超声波测距传感器、碰撞传感器各1个,LEGO积木若干。

2.装有LEGO MINDSTORMS Education EV3程序的电脑10台。

3.其他:MINI USB连接线10根、竞赛场地1个、障碍物若干。

(四)活动目标

1.进一步熟悉乐高机器人的基本组成及各组成部分的作用;了解常用的传感器及其适用范围、调试方法;掌握单条件逻辑判断语句的使用方法。

2.体验通过程序设计解决问题的基本过程,在探究过程中,感受编程所体现出的逻辑思维和创造性思维的方法。

3.通过自动避障小车的制作,体会动手实践的乐趣,感受创客文化的内涵,建立对人工智能的客观认识,感悟正确的科学技术应用观,积累个性化创作经验。

(五)活动过程

1.背景介绍、任务简介及活动小组组建

(1) 背景介绍:由科技辅导员介绍智能机器人背景知识,时间约5分钟。机器人的形状各式各样,实际意义上的机器人应该是"能自动工作的机器",通常具有3个基本特征:具有一定的物理形态;有控制程序;有一定的动作表现。而智能机器人则是在普通机器人的基础上加装了各种各样的传感器,使其可根据外界环境变化做出相应自动调整,从而达到预先设定的目标。从基本构成看,智能机器人是一种由传感器、控制器和伺服电机构成的智能机械设备,它能对外界的适当"刺激"做出类似于人类的有效反应。

(2) 任务简介:本次活动的任务是搭建一辆自动避障小车——即乐高机器人中的一类,使其能在指定区域内,以最短时间,自动避过障碍物,从起点到达终点。

(3) 活动小组组建:每两人编为一组,合作完成小车的组装,以及程序的设计与调试。

2.基本要件 (表4-27)

表4-27 基本要件列表说明及图示

名 称	式 样	功 能
EV3主控制器		通过USB、蓝牙和WiFi与电脑保持通信,依托直接编程或数据采集,以控制小车
超声波传感器		发出超声波并读取回声数据,以测量小车与外界物体之间的距离
触碰传感器		模拟触动,可以监测到前方探头被按下或释放,还可以计算出单次或多次触动的次数

续 表

名 称	式 样	功 能
陀螺仪		能够测量出小车的旋转运动并改变其转动的方向,可以用来测量角度,维持平衡
伺服电机		通过转速器反馈精确控制小车运行,并可通过内置的旋转传感器,与其他伺服电机进行匹配,实现小车直线行驶
LEGO 积木		可自由拼搭、组建小车的各个部件
导 线		将主机的输入、输出端口与传感器、伺服电机、灯等相连接的连接线

3.基本程序模块(表4-28)

表4-28 基本程序模块列表说明及图示

程序图标	含义及作用
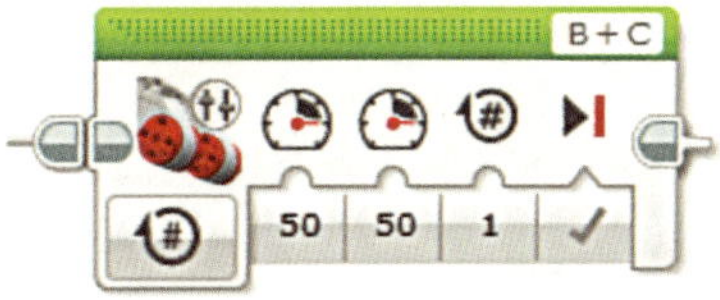	含义:两组伺服电机驱动直行 作用:小车前进
	含义:左伺服电机驱动直行,右伺服电机停转 作用:小车右转

续 表

程序图标	含义及作用
	含义：右伺服电机驱动直行，左伺服电机停转 作用：小车左转
	含义：等待 作用：等待某一事件的发生
	含义：等待测到障碍 作用：无障碍时小车前进，有障碍时小车执行后面的程序
	含义：循环 作用：可以使程序重复运行

4.设计制作

(1) 机器人身体搭建：根据参考图形 (图4-36)，完成自动避障小车主体的搭建。

图4-36 自动避障小车主体参考图形

1) 底座搭建：利用矩阵将大型伺服电机连接，注意电机上面和下面都应连接，如图4-37所示。

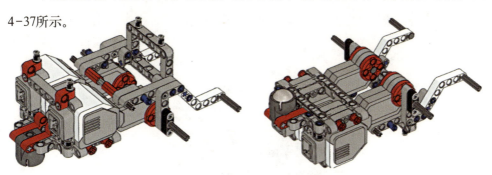

图4-37 自动避障小车的底座正面（左）与反面（右）

2) 主控器安装：利用黑色插销（共需4个）作为底座与主控器的连接件，将主控器安装在底座上，并用白色弯梁加固，如图4-38所示。

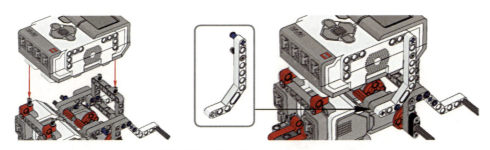

图4-38 黑色插销连接（左）与白色弯梁加固（右）

3) 导线连接：利用导线（共需2根）分别将底座两侧伺服电机连接至主控器的B，C端口，如图4-39所示。

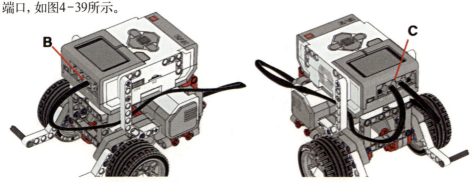

图4-39 利用导线连接伺服电机与主控器

(2) 添加传感器：选择合适的位置，安装适当的传感器（示例中安装的为超声波传感器），并用导线将其与主控器4号端口相连，如图4-40所示。

图4-40 添加传感器

(3) 程序设计：在LEGO MINDSTORMS Education EV3软件中编制程序，如图4-41所示。

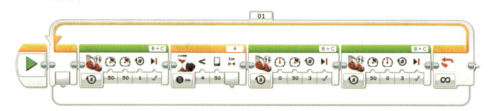

图4-41 自动避障小车参考程序图

其效果为小车直行——等待超声波传感器检测到障碍——小车左转——小车右转——直行，然后程序转至最前进行循环，直到抵达终点。

(4) 程序调试：使用MINI USB连接线连接电脑与主控制器，将编制完成的程序写入主控制器后，进行程序调试，以确保自动避障小车能完成预定任务。

5.自主设计交流评价

(1) 方案设计思路交流 (表4-29)

表4-29 小组自动避障小车设计方案

传感器选择与电机参数设定		
伺服电机的参数设定	左 转	右 转
程序流程图:		

确定设计方案时科技辅导员要引导青少年注意以下两点。

1) 设计的科学性

运用科学思维,根据科技辅导员提供的要素特性及制作技巧,以小组为单位探讨自动避障小车的设计理念,思考小车在连续转弯后,走向是否能保持与终点线垂直,实现少走弯路、时间较短的目标。但角度在程序设计调试中较难调整,究竟是走最短路径,还是用路程换时间,须要青少年仔细思考进行选择。

2) 设计的创新性

运用发散思维,在设计中可以增加触碰传感器来提高自动避障小车的避障效率。当然,这样设计会增加程序编制调试的难度。如何做到既提高效率,又简化流程,还需要青少年在设计过程中不断思考、探究。

(2) 作品评价 (表4-30)

表4-30 自动避障小车设计制作评价表

	评价内容	分 值	得 分
科学性	小车搭建是否牢固合规	10	
	编程是否正确无误	10	
创新性	小车搭建是否彰显个性	10	
	传感器搭配是否独特	20	
	策略设计是否新颖	20	
实用性	小车避开障碍物的效率	10	
	小车到达终点的用时数	20	

附： 青少年活动成果举例

根据科技辅导员已经组织青少年参与上述活动的实际情况来看,主要涌现出以下4类具有个性化的自动避障小车作品。

1.单传感器直角转弯自动避障小车 (图4-42),其关键部件与特点见表4-31。

图4-42 单传感器直角转弯自动避障小车

表4-31 单传感器直角转弯自动避障小车关键部件及特点

检测部件	数 量	完成任务的策略
超声波传感器	1	当小车检测到障碍时,先直角转左(右),前行一段距离后,再转右(左)
特 点		这是最常见的搭建方法和解决策略,但小车转向必须精准,否则耗时较多

2.单传感器S形转弯自动避障小车 (图4-43),其关键部件及特点见表4-32。

图4-43 单传感器S形转弯自动避障小车

表4-32 单传感器S形转弯自动避障小车关键部件及特点

检测部件	数 量	完成任务的策略
超声波传感器	1	当小车检测到障碍时,进行S型转弯,以提高避障效率
特 点		避障时效率很高,但不易对准终点线,小车亦会出现似无头苍蝇乱跑乱撞的情况

3.双传感器自动避障小车(图4-44),其关键部件及特点见表4-33。

图4-44 双传感器自动避障小车

表4-33 双传感器自动避障小车关键部件及特点

检测部件	数 量	完成任务的策略
超声波传感器	1	利用触碰传感器来辅助超声波传感器完成障碍物的检测,以提高避障的效率
触碰传感器	1	
特 点		采用碰撞结合声波的方式检测障碍物,策略较新颖,效果不错,但在障碍物较为轻巧的情况下,容易出现检测失灵问题,导致无法完成任务

4.组合式自动避障小车（图4-45），其关键部件及特点见表4-34。

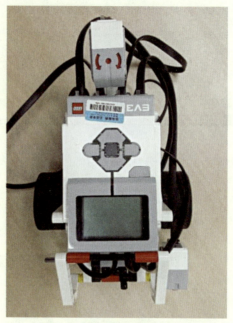

图4-45 组合式自动避障小车

表4-34 组合式自动避障小车关键部件及特点

检测部件	数 量	完成任务的策略
超声波传感器	1	在利用触碰传感器辅助超声波传感器完成障碍物检测的同时，利用陀螺仪辅助完成方向的校准，既能提高检测效率，又可以提高避障速度
触碰传感器	1	
陀螺仪	1	
特 点		不仅避障效率很高，而且借助陀螺仪可以很方便地对准终点线，完成任务速度较快，但流程图相对较为复杂

（解 进、翟立原）

梦想家园——创意建筑模型制作活动

建筑模型制作活动，是我国中小学常见的青少年科技活动形式之一。传统的青少年建筑模型制作活动，主要强调的是依照图纸模拟真实的立体制作活动，目标是在模型制作中锻炼青少年的技术技能，而非设计能力。因此，作为一种知识与技能结合的仿真类模型活动，该活动在课外、校外一直受到广大青少年的青睐。不过，随着国家科技创新发展的影响和创客活动的引入，建筑模型制作活动也从传统步入现代——从开始强调制作向强调制作与有限的"创新"设计并重转化。

而我们这里所说的创意建筑模型制作活动，是为了培养更具创意的下一代，在保证建筑模型主体结构不变的前提下，让青少年对建筑的外观及配套设施进行创意设计，自己发现可改进点，为制作的建筑模型增加新颖性。

在诸多模型建筑中，"梦想家园"建筑模型可提供的创意改变尤为突出。"梦想"本身就是可塑造性很强的一种内化思维，以"梦想"为主题来搭建的"家园"基本不会出现雷同。因为每个青少年的"梦想"在细节处都是不同的，他们可以个性化地进行比例尺寸设计、加工，浓缩成小的建筑展开图，巧妙构思，自主动手，最终形成具有新颖性的美观建筑模型。图4-46为青少年正在进行创意梦想家园创作。

图4-46 青少年正在进行创意梦想家园创作

（一）活动对象

小学四、五年级学生20人。

（二）活动时长

90分钟。

（三）活动器材

1.活动材料："梦想家园"建筑模型配套材料（图4-47）20套、自备材料若干（用于个性化设计）。

2.活动辅助用品：直尺、剪刀、白胶、502胶水、镊子、胶带、水彩笔、美工刀、铅笔等若干。

图4-47 "梦想家园"建筑模型配套材料

（四）活动目标

1.了解建筑模型制作的基本概念，认识建筑模型制作的基本工具，初步掌握根据设计图进行建模制作的方法。

2.体验建筑模型基本制作过程，了解在原有图纸基础上增加个性化设计的方法，在自备材料的收集、选择、加工、制作过程中，感悟探究过程，发展创意思维。

3.通过"梦想家园"建筑模型的制作与改进，体验建筑模型带来的美感和创客乐趣，增强对建筑模型和创客文化的热爱。

（五）活动过程

1.安全常识教育

（1）工具使用必须按照科技辅导员介绍的方法进行操作，特别是具有一定危险性的工具，如美工刀、电烙铁、锯子、榔头等。

（2）对于部分青少年尚不能熟练使用的工具，应请科技辅导员帮助，不可自己贸然动手。

（3）使用胶水特别要注意不要入口，更不能溅入眼中。

(4) 工具使用结束后必须归放原处。

2.常用工具

(1) 尺：用来测量和画线，常用刻度尺、直角尺。制作出模型的每一个部件，都先要用尺在材料上描画尺寸，绘制过程中利用三角形钢尺、曲线板和圆规等工具的配合，就能把图样画得更准确。

(2) 剪刀：用来剪割较薄的材料，常用的有普通剪刀和铁皮剪刀。普通剪刀一般用来剪卡纸、绸布和很薄的金属片。铁皮剪刀主要用来裁剪各种金属片。

(3) 刀：最普遍的是刻刀（美工刀或裁纸刀）。不论是切削木料，切割有机玻璃或其他常见材料都要用到它。常用的刀具有单面刀片、刻刀、手术刀，等等。

(4) 砂纸：有木砂纸、铁砂纸、水砂纸。砂纸规格很多，粗细不同，实际制作过程中，应根据制作要求，选择适当粗细的砂纸，用来打磨物体表面。

(5) 镊子：粘接、焊接、制作和安装时的常用工具。用来夹持细小零件。

(6) 胶水：主要是白胶和502胶水。胶水主要用来黏结各种材料，如木材、金属、纸张、塑料等。例如，用小砖砌城堡、铺设草地都需要用到胶水。

3.设计制作

(1) 青少年首先要熟悉由科技辅导员提供的参考图纸，了解建筑模型主体结构及相应比例和数据（图4-48）。

图4-48 科技辅导员提供的参考图纸示例

(2) 创设情境、激趣引入。科技辅导员以"梦想"为主题，引导青少年谈谈自己的梦想，并思考如何将自己的梦想融入建筑模型设计中。之后可展示一些有创意的"梦想家园"建筑模型成品供青少年观摩，激发他们的学习兴趣。接着，发布"承接小工程"任务，由青少年自发组建"工程小队"（建议4人一组），并为小队命名（图4-49）。

(3) 分工合作、改进设计。科技辅导员提供给每个小队4份"梦想家园"配套材料，每个小队选出1位组长，由小组长牵头组织队员针对配套材料中各部件的用途、设计制作流程进行讨论，在充分了解"梦想家园"设计图纸的基础上，根据小队梦想对"梦想家园"设计图进行改造，完成个性方案设计（表4-35）。

图4-49 "工程小队"在讨论

表4-35 "梦想家园"个性设计方案（_____小队）

方案名称	
自选材料	
个性化设计图	
简述改进理由	

(4) 听取指导, 自主制作。结合改进后的设计方案, 各小队在科技辅导员指导下将制作材料按功能进行分类、筛选和加工, 制作个性化的 "梦想家园" 建筑模型。在上述过程中, 科技辅导员需要引导青少年注意以下4点。

1) 遵循基本制作工序

搭建顺序为: 墙基、墙体、房顶、周边场景布局与制作 (图4-50)。

图4-50 基本制作工序图示

2) 自备材料的选择

配套材料确保了作品的共性, 自备材料则是创意的开始, 要尝试对一些装饰性的材料进行收集、筛选和应用, 增加建筑的美观。可供选择的自备材料见图4-51。

图4-51 各类自备材料一览

3) 房屋造型的选择

在房屋造型设计改进和制作时, 青少年要尝试打破配套材料中设计图的限制, 主动将房屋改造成自己喜欢的造型, 增加建筑的美观和合理性 (图4-52)。

图4-52 青少年改变建筑地基造型

4) 整体布局的选择

当梦想家园的各部分建筑都制作完成后，可考虑在建筑群的整体布局上做出创意改变，使其更加实用、便捷和高效。如图4－53所示，青少年通过将水池与房屋的结合，实现了创意布局。

图4－53 青少年的创意布局——将水池与房屋结合

4.展示评价

各小队展示作品，说明改进设计的理念及制作过程，重点阐述创意所在，并完成评价表（表4－36）。

表4－36 "梦想家园"建筑模型评价表（_____ 小队）

评价内容		总 分	得 分
设计图	符合建筑设计要求	10	
	体现梦想家园主题	10	
	创新点相对突出	20	
	与原有设计图相融合	10	
模型作品	结构稳固耐久	10	
	主题特色鲜明	10	
	创意实现完美	20	
	材料符合要求	10	
合　计		100	

附：青少年活动成果举例

1.简约自然型"梦想家园"

整体布局风格上层次分明、清爽。有水、有植物、有空地，给人以简单、自然的感觉（图4-54）。

图4-54 简约风格型"梦想家园"

创新点：在设计图的布局上做了创新，使整个作品更加和谐。原来的设计图上，水池在院子外面，并且没有过道，现在作品呈现出的创新明显比未改动之前更贴近生活。

2.仿古典雅型"梦想家园"

整体布局合理，一座古堡呈现在植物的环绕中，给人以一种古朴又不失典雅的感觉，有一种仿若回到中世纪的情节（图4-55）。

图4-55 仿古典雅型"梦想家园"

创新点：在制作的工艺上做了创新——用堆砌法来加工"砖块"，使其在排列上更加符合建筑力学，并应用打磨技巧打磨每个砖块，让其平整且光滑，以凸显整个建筑的干净与完美。

3.现代舒适型"梦想家园"

这是将真的花瓣切碎后洒在草地上，以增加草坪的真实感。同时，房子的造型具有现代特色，给人以惬意、舒适的感觉（图4-56）。

图4-56 现代舒适型"梦想家园"

创新点：在材料的使用上做了创新，使用真实的花瓣切碎后作为妆点，让整个建筑模型更增添了真实感，给人以自然与人文和谐共处之感。

（吴为安、翟立原）

参考文献

[1] 刘圣恩, 马抗美.人才学简明教程[M].北京: 中国政法大学出版社, 1987.

[2] 张玉田. 学校教育评价[M]. 北京: 中央民族学院出版社, 1987.

[3] 王宝祥, 翟立原.科学的方法与方法的科学[M].北京: 学术期刊出版社, 1988.

[4] [美]J.P.吉尔福特.创造性才能[M].施良方,等译.北京: 人民教育出版社, 1991.

[5] David Layton.Innovations in science and technology education (Vol. IV) , UNESCO, 1992.

[6] 张厚粲. 心理与教育统计学[M]. 北京: 北京师范大学出版社, 1993.

[7] 项苏云,翟立原.青少年发明创造活动指南[M].北京: 科学普及出版社, 1994.

[8] 霍华德·加德纳.7种IQ[M]. 庄安祺, 译. 高雄: 台湾时报出版社, 1997.

[9] [美]国家研究理事会. 美国国家科学教育标准[M]. 戢守志,等译.北京: 科学技术文献出版社, 1999.

[10] 顾志跃. 科学教育概论[M]. 北京: 科学出版社, 1999.

[11] 刘大椿. 科学技术哲学导论[M]. 北京: 中国人民大学出版社, 2000.

[12] 美国科学促进会. 科学素养的基准[M]. 中国科学技术协会,译. 北京: 科学普及出版社, 2001.

[13] 翟立原.创新之源——青少年创造力培养活动方案精选, 北京: 科学出版社, 2001.

[14] 马抗美, 翟立原.青少年创造力国际比较[M]. 北京: 科学出版社, 2003.

[15] 牛灵江, 翟立原.青少年科学探究[M]. 北京: 中国言实出版社, 2005.

[16] 柯克帕特里克 (美) . 如何做好培训评估[M]. 奚卫华,等译.北京: 机械工业出版社, 2007.

[17] 翟立原. 社区科普与公民素质建设[M]. 北京: 科学出版社, 2007.

[18] 翟立原. 公民科学素质建设的实践探索[M]. 北京：科学出版社，2009.

[19] 任福君. 中国公民科学素质报告（第一辑）[M].北京：中国科学技术出版社，2010.

[20] 中国青少年科技辅导员协会. 科技辅导员工作指南[M]. 北京：科学普及出版社，2011.

[21] 中国青少年科技辅导员协会. 科技辅导员培训指南[M]. 北京：科学普及出版社，2012.

[22] 中国青少年科技辅导员协会. 科技辅导员学习指南[M]. 北京：科学普及出版社，2013.

[23] 罗晖. 基层科普工作指南[M]. 北京：科学普及出版社，2015.

附录

"十三五"国家科技人才发展规划

为全面贯彻党的十八大和十八届三中、四中、五中、六中全会和习近平总书记关于人才工作的系列指示精神,贯彻《国家创新驱动发展战略纲要》《关于深化人才发展体制机制改革的意见》,深入实施《国家中长期科学和技术发展规划纲要(2006–2020年)》《国家中长期人才发展规划纲要(2010–2020年)》《国家中长期科技人才发展规划(2010–2020年)》,为2020年进入创新型国家行列和全面建成小康社会奋斗目标提供科技人才支撑,为2050年实现建成世界科技强国目标奠定坚实基础,按照《"十三五"国家科技创新规划》的总体部署和要求,制定《"十三五"国家科技人才发展规划》(以下简称《科技人才规划》)。

一、形势与需求

科技人才是指具有专业知识或专门技能,具备科学思维和创新能力,从事科学技术创新活动,对科学技术事业及经济社会发展做出贡献的劳动者。主要包括从事科学研究、工程设计、技术开发、科技创业、科技服务、科技管理、科学普及等科技活动的人员。

创新是引领发展的第一动力。创新驱动实质上是人才驱动,大力培养和吸引科技人才已成为世界各国赢得国际竞争优势的战略性选择。我国已进入全面建成小康社会和进入创新型国家行列的决胜阶段,深入实施创新驱动发展战略、全面深化科技体制改革的关键时期,必须深刻认识并准确把握经济发展新常态的新要求和国内外科技创新的新趋势,大幅提升科技创新能力,建设一支数量与质量并重、结构与功能优化的科技人才队伍。

"十二五"期间,围绕经济建设和社会发展总体要求,我国科技人才工作取得显著成效,科技人才呈现竞相涌现、活力迸发的新局面。

——科技人才队伍迅速壮大,科技人力资源总量超过7100万,研究与发展(R&D)人员总量535万(折合全时当量为371万人年),均跃居世界第1位;企业R&D人员占全部

R&D人员全时当量的78.1%，已成为我国R&D活动的主体；"十二五"期间回国人才超过110万，是前30年回国人数的3倍。

——科技人才结构和布局不断优化，青年科技人才成为科研主力军和生力军，科技创业人才队伍规模不断扩大；区域科技人才布局趋向合理，中西部地区科技人才总量有较大增长；在装备制造、信息、生物技术、新材料、航空航天、海洋、生态环境保护、新能源、农业科技等重点领域，涌现出一批中青年科技创新领军人才。

——科技人才创新能力不断提升，发表在各学科最具影响力国际期刊上的论文数量连续六年居世界第2位，高被引国际论文数量排在世界第3位，农业、化学、计算机科学等8个学科领域被引次数位列世界第2位，国内专利申请量和授权量分别居世界第1位和第2位。我国科学家相继获得一批国际科技奖项。

——科技人才计划效果显著，实施海外高层次人才引进计划（国家"千人计划"）、国家高层次人才特殊支持计划（国家"万人计划"）、创新人才推进计划、长江学者计划、中科院百人计划、国家杰出青年科学基金等一系列科技人才计划与工程，涌现出一批具有国际影响力的高端创新人才。

——科技人才聚集效应初步形成，建设国家（重点）实验室、国家工程技术研究中心、国家自主创新示范区、国家高新技术产业开发区、国家创新人才培养示范基地、众创空间等科技人才基地，一批优秀企业家加速涌现，成为引领创新创业浪潮的核心力量。

但是，我国科技人才发展仍存在以下问题：一是科技人才结构性矛盾依然突出，科学前沿领域高水平人才、高端研发人才和高技能人才存在较大的供给缺口；二是科研机构选人用人自主权不够，"以人为本"的科技人才评价激励机制亟待完善；三是科技人才投入整体不足，且在行业、领域、区域间的配置不均衡；四是科技人才流动渠道不够畅通，在产学研之间的流动存在制度性障碍；五是有利于科技人才成长的政策环境和保障机制建设尚待加强。

"十三五"是我国全面建成小康社会的决胜阶段，也是进入创新型国家行列的冲刺阶段，国家重大战略和经济社会发展对科技创新提出更加迫切的需求。我国科技人才工作要紧紧围绕深入实施创新驱动发展战略，积极落实中央重大决策部署，加强人才工作的系统部署和谋划，使之与国家急需解决的战略任务相匹配。优化调整人才内部结构及区域布局，整体提升创新人才资源的供给水平，逐步形成有利于创新型科技人才成长和发挥作用的良好环境，激发全社会创新创业活力，推动创新成果有效转化，为创新型国家建设提供强大的科技人才队伍保证。

二、指导思想与目标

（一）指导思想

全面贯彻党的十八大和十八届三中、四中、五中、六中全会精神，深入贯彻习近平总书记系列重要讲话精神和治国理政新理念新思想新战略，围绕"创新、协调、绿色、开放、共享"五大发展理念和"四个全面"战略布局，以全面落实创新驱动发展战略为主线，确立在科技创新中人才资源优先开发的战略布局，按照"服务发展、人才优先、以用为本、创新机制、高端引领、整体开发"的指导方针，构建科学规范、开放包容、运行高效的人才发展治理体系，发挥政府在统筹协调、完善服务、优化环境中的主导作用和市场配置人才资源的决定性作用，形成具有国际竞争力的创新型科技人才制度优势，优化科技人才队伍结构，提升科技人才创新能力，激发科技人才创新创业活力，推动科技人才队伍向量的增长和质的提升并重转变，为2020年我国进入创新型国家行列、实现全面建成小康社会的目标提供有力支撑。

加强科技人才队伍建设必须坚持以下基本原则：

——以科技人才优先发展为导向。理顺人才工作和科技发展的关系，确立科技人才队伍建设在科技创新中不可替代的核心地位，从战略高度确保科技人才优先发展。充分发挥科技人才的基础性、战略性作用，做到科技人才资源优先开发、科技人才结构优先调整、科技人才投资优先保证、科技人才制度优先创新。

——以服务国家战略为优先需求。围绕创新驱动发展战略的实施，变革科技人才工作方式方法，加强重点领域科技人才队伍建设，支持有利于激活创新要素的探索和实践。研究制定围绕"一带一路"建设、京津冀协同发展与雄安新区建设、长江经济带建设、"中国制造2025"、自由贸易试验区建设、国家自主创新示范区建设以及国家重大项目和重大科技工程等人才支持措施,促进区域间人才的合理流动与协同创新,加强海外高层次人才引进,提升面向重点领域和产业发展的人才供给能力。

——以优化科技人才结构为重点。促进科技人才优化配置,形成科技人才在不同年龄、区域、学科、领域、行业等的合理分布。以高层次科技人才为引领,着力解决基础前沿和重点产业领域人才匮乏的问题;加强培养企业创新人才,大力提升企业作为技术创新主体的作用和能力;实现科技创新的依托力量从"小众"到"万众"的转变,促进"大众创业、万众创新",形成各类人才衔接有序、梯次配备的合理结构。

——以创新人才体制机制为手段。加快科技人才发展体制机制改革和政策创新,重点破除束缚创新驱动发展的人才观念和体制机制障碍。加快政府职能从研发管理向创新服务转变,处理好政府和市场的关系,赋予科研机构选人用人自主权;健全科技人才分类评价与激励机制,强化研发人员创新劳动同其利益收入对接,激发全社会科技人才创新创业活力。

——以提升人才创新能力为核心。注重提高科技人才队伍质量,把"质量优先"贯穿到科技人才培养、引进、使用、评价等全过程。创新人才培养模式,深入实施重大人才工程;实行更加开放的人才政策,重点引进海外高层次创新人才;建立以能力和贡献为导向的人才评价制度,释放科技人才创新潜能,大力提高我国科技人才国际竞争能力。

(二)规划目标

到2020年,适应实施创新驱动发展战略的要求,初步形成规模宏大、素质优良、结构合理、富有活力的科技人才队伍,科技人才培养体系和管理制度更加完善,在重点领域形成科技人才国际竞争优势,为进入创新型国家行列、全面建成小康社会的目标提供有力支撑。

——科技人才队伍规模稳步扩大。我国R&D人员全时当量由2014年的371万人年达到2020年的480万人年以上,R&D研究人员全时当量由2014年的152万人年达到2020年的200万人年以上,每万名就业人员中研究开发人力投入由2014年的48人年提升到2020年的60人年以上。

——科技人才结构显著优化。基础研究人员占R&D人员的比重达到7%左右;重点产业领域人才和科技创业人才队伍规模不断扩大，企业高层次创新型科技人才的比重持续增加；年龄结构梯次配备，院士等高层次科技人才的平均年龄逐步降低；边远贫困地区、边疆民族地区和革命老区科技人才总量有较大增长。

——科技人才资源开发投入力度明显增强。健全多元人才投入机制，R&D人员年人均研发经费由2014年的37万元/年提升到2020年的50万元/年，与发达国家之间的差距进一步缩小。提高人才投资效益，人才使用效能获得较大提升。

——科技人才的国际竞争力显著提高。在基础研究领域涌现出一批世界一流的科学家，在前沿技术和战略高技术领域拥有一批科技领军人才，在重点产业领域拥有一批高端工程技术人才，在新兴技术领域拥有一批创新创业人才。

"十三五"期间，我国科技人才工作的总体部署是：一是理顺科技人才队伍建设和经济社会发展的关系，形成创新型科技人才优先发展的战略布局，突出"高精尖缺"导向，加快科技人才队伍结构的战略性调整和优化；二是改革和完善人才发展机制，深入实施重大人才工程，加快优秀科技人才的培养和引进，重视对引进人才的使用、后续支持和跟踪服务；三是清除人才管理中的体制机制障碍，充分给予科技人才科研自主权，尊重科技发展和科技人才成长规律，对从事不同创新活动的科技人才实行分类评价和有效激励，充分激发科技人才特别是中青年科技人才的创新活力；四是按照市场规律促进科技人才良性有序流动，优化科技人力资本配置，探索新型科技人才与智力流动服务模式；五是逐步形成有利于创新型科技人才成长和发挥作用的科研生态环境，依托大众创业、万众创新，积极推动创新成果有效转化，为创新型国家建设提供强大的科技人才队伍保证。

三、重点任务

(一) 加快科技人才队伍结构的战略性调整

突出"高精尖缺"导向，促进科学研究、工程技术、科技创业人才和技能型人才协调发展，形成各类科技人才衔接有序、梯次配备、合理分布的格局。

造就一支高层次创新型科技人才队伍。加大战略科学家、杰出科学家、科技领军人才和创新团队的培养支持力度。打造一支具有前瞻性和国际眼光的战略科学家队伍。加快推进科学家工作室建设，采取自组团队、自主管理、自由探索、自我约束的管理制度，使科学家及其团队能够潜心从事科学研究，提升我国科学家在国际上的影响力。研究制定国家重大战略、国家重大科技项目和重大工程等的人才支持措施，重点培养一大批善于凝聚力量、统筹协调的科技领军人才，逐步推广以项目负责人制为核心的科研团队组织模式，赋予创新领军人才更大的人财物支配权、技术路线决策权。加大对优秀青年科技人才的发现、培养和资助力度，对青年人才开辟特殊支持渠道，建立适合青年科技人才成长的用人制度，增强科技人才后备力量。以各种研发平台为载体，支持新型研发机构建设，系统培养大批产业关键领域优秀创新团队，形成科研人才和科研辅助人才的梯队合理配备。

加强产业技术人才、科技金融人才和科技型企业家队伍建设。围绕国家急需紧缺的重点产业领域，培养一大批面向生产一线的专业技术人才、科技金融人才和创新型企业家。每年培训百万名高层次、急需紧缺和骨干专业技术人才；在全国建成一批技能大师工作室、1200个高技能人才培训基地，培养1000万名高技能人才。重点扶持一大批拥有核心技术或自主知识产权的优秀科技人才创办科技型企业；培养造就一大批具有全球战略眼光、管理创新能力和社会责任感的科技型企业家队伍。

调整和优化科技人才队伍的区域结构。加大对西部地区、边远地区、民族地区的财政转移支付力度，通过国家科技计划（专项、基金等）统筹支持符合条件的、在中西部开展的相关科研工作；鼓励和支持这些地区科技人才申报国家科技人才计划；完善人才到西部地区、边远地区、民族地区创业的后补偿机制和奖励政策。进一步完善中西部与东部对口支援等制度，支持发达地区与欠发达地区开展多种形式的科技合作，提高欠发达地区人才的开放性和流动性。按照中央财政科技计划（专项、基金等）管理改革的统一部署，加强中西部地区科研基地建设，引导和支持中西部地区建设高水平的区域性产业技术研发组织，吸引更多科技人才集聚，缓解科技人才区域分布不平衡和欠发达地区人才匮乏的问题。

（二）大力培养优秀创新人才

改革创新人才培养模式，构建培养、锻炼和造就创新人才的体系，动员全社会参与到创新人才培养实践的探索中来。

构建创新型人才培养新模式。探索建立以创新创业为导向的人才培养机制。开展启发式、探究式教学方法改革试点，改革基础教育培养方式，尊重个性发展，强化兴趣爱好和创造性思维培养，提高创新实践能力。加快部分普通本科高等学校向应用技术型高等学校转型，开展校企联合招生、联合培养试点，促进企业和职业院校成为技术技能人才培养的"双主体"。科学调整研究生招生结构，有针对性地适度扩大博士研究生招生规模，探索增加专业型研究机构的博士点；探索研究生培养科教结合的学术学位新模式，深化高等学校创新创业教育改革，增进教学与实践的融合，建立以科学与工程技术研究为主导的导师责任制和导师项目资助制，推行产学研联合培养研究生的"双导师制"。改革博士后制度，发挥高等学校、科研院所、企业在博士后研究人员招收培养中的主体作用，为博士后从事科技创新提供良好条件保障。完善高端创新人才和产业技能人才"二元支撑"的人才培养机制，适应市场和产业发展需求变化，推动普通教育与职业教育在人才培养中的科学分工与有效协同。突出用中培养，充分发挥国家科技计划、人才管理改革试验区、科研基地和创新人才培养示范基地等对人才培养的示范作用。引导推动人才培养体系与产业发展和创新活动全过程的有机衔接，形成产学研用结合的创新人才培养新模式。

深入实施重大人才工程。以深化中央财政科技计划（专项、基金等）管理改革为契机，更大力度实施国家"千人计划"、国家"万人计划"等重大科技人才工程，落实好配套支持政策。加强相关人才工程的顶层设计和相互衔接，推动人才工程项目与各类科技计划和基地建设相衔接，合理确定各类人才支持数量和比例，积极发挥人才工程项目的牵引带动作用。启动实施基地和人才专项，在重大人才工程与人才专项中建立中青年领军人才承担任务的优先机制，对35岁以下具有研究潜力的优秀青年科技人才给予重点支持；给予女性科技人才适当的倾斜性支持。

加强科技管理、服务和科普人才队伍建设。培育一批具备国际视野、了解国际科学前沿和国际规则的中青年科技管理人才,提升科技管理人才队伍的专业化、职业化水平,开展全国科技管理干部轮训,开展创新组织科技管理能力培训试点,分级分类构建科技管理培训体系和网络基地。加强专业化实验支撑和科研辅助人才队伍建设,壮大科技成果推广和转移转化人才队伍,建设专业化、市场化、国际化的职业经理人队伍。鼓励和促进公共科技传播人才队伍建设,培养一支专兼职结合的科学普及人才队伍,培育专业化的科普创作、产品研发和科普讲解人才。

(三)重点引进高层次创新人才

实施更积极、更开放、更有效的创新人才引进政策,更大力度引进急需紧缺人才,聚天下英才而用之。

加强重点领域海外高层次人才引进。发挥政府投入引导作用,鼓励企业、高等学校、科研机构、社会组织、个人等有序参与人才资源开发和人才引进。围绕国家科技创新重点领域和发展方向,大力引进能够引领国际科学发展趋势的战略科学家,从事科学前沿探索和交叉研究、具有创新潜质的优秀科学家,以及开展重大产业技术应用基础研究的科学家。着力引进具有推动重大技术创新能力的科技领军人才。注重引进适合领衔国家重大科研任务、重大工程建设的领军人才。重视港澳台杰出科技人才的引进和使用,注重引进青年人才。制定并不断完善国家引才指导目录,更大力度实施国家"千人计划",吸引万名海外高层次人才回国(来华)创新创业。对有助于解决长期困扰我国关键技术、核心部件难题的国家急需紧缺人才,开辟专门渠道,实行特殊政策,实现精准引进。率先在国家实验室等重大科研基地开展人事制度改革试点,开展科研机构和高等学校非涉密部分岗位全球招聘试点,提高科研机构负责人全球招聘比例,吸引海外高层次科技人才全职工作。鼓励科研机构、高等学校设立短期流动岗位,聘用国际高层次科技人才开展合作研究。为海外引进人才及家属提供与国际标准相衔接的医疗、教育和社会保障,切实解决生活难题。

实行更加开放的外国人才引进政策。改革外国人来华工作管理制度,精简许可办理程序,推进外国人来华工作许可全面实施。对高端人才开辟绿色通道,简化手续;对急需紧缺人才不设数量限制,优先审批。明确外国人才申请和取得人才签证的标准条件和办理程序,为外国人才来华工作、出入境提供便利。放宽外国留学生在华工作限制,允许获得学位的优秀研究生毕业后直接在华工作,逐步完善留学生实习居留、工作居留和创新创业奖励制度。建立以市场为导向的人才认定机制,进一步放宽外国人申请永久居留的条件。对持有外国人永久居留证的外籍高层次人才在创办科技型企业等创新创业活动方面,给予中国公民同等待遇。

创新海外高层次人才引智模式。支持科研机构和高等学校设立海外研发机构,加强国际研究网络构建,吸引当地高层次创新人才从事研发活动。实行支持中国公民设立的企业利用国外科技资源的政策,推动中国企业并购、设立海外研发机构、加强与国外高等学校和研究机构科研合作等,充分利用当地高层次创新人才为企业服务。打造"一带一路"科技人才智库,搭建创新创业人才跨界平台。

(四) 营造激励科技人才创新创业的良好生态

着力构建符合学术发展规律的科研管理、宏观政策、学术民主、学术诚信和人才成长环境,为培养优秀科技人才、激发科技工作者创新活力打下良好基础。

优化科研学术环境。大力弘扬创新文化,厚植创新沃土,倡导学术研究百花齐放、百家争鸣,鼓励科技工作者打破定式思维和守成束缚,勇于提出新观点、创立新学说、开辟新途径、建立新学派。坚持道德自律和制度规范并举,建设集教育、防范、监督、惩治于一体的学术诚信体系。实行严格的科研信用制度,建立学术诚信档案,加大对学术不端行为的查处力度。

激发全社会创新创业活力。大力倡导敢为人先、宽容失败、崇尚创新、创业致富的价值导向,依法保护企业家的创新收益和财产权,积极培育企业家精神和创客文化。发展众创、众包、众扶、众筹等新型孵化模式,为创新创业人才成长提供工作空间、网络空间、社交空间和资源共享空间,发挥大众创业、万众创新和"互联网+"集众智、汇众力的乘数效应。

四、体制机制创新

(一) 改进科技人才选拔使用机制

完善科技人才使用管理体制,创新科技人才选拔和使用机制。

推动落实事业单位用人自主权。在国家政策制度框架下,扩大科研机构和高等学校在编制管理、人员聘用、职称评定、绩效工资分配、科技成果转化收益分配等方面的自主权,实行有利于开放、协同、高效创新的扁平化管理结构。由用人单位根据需求自主设置岗位和内设机构,自主探索多样的岗位管理模式。鼓励科研机构、高等学校依据市场规则和市场价格,引进和使用高层次人才。明确绩效工资的来源渠道,由科研机构自主决定科技人才的绩效考核方式和分配办法。

完善国际人才使用机制。实施人才交流计划,形成制度化的人才国际交流支持机制。鼓励外国人才参与我国科技计划(专项、基金等),放宽参与条件,取消不必要的限制性规定。支持引进国外科研管理理念和机制,试点建立外国高层次人才担任重大项目主持人或首席科学家制度。支持国内科技智库的能力建设,鼓励其与国外一流科技智库和国际组织开展长期合作。

(二) 健全科技人才评价激励机制

实行科技人才分类评价,建立以能力和贡献为导向的评价和激励机制。

建立科学的人才分类评价标准体系。对从事基础和前沿技术研究、应用研究、成果转化等不同活动的人员,完善分类评价标准和办法,突出能力和业绩导向。对从事基础研究的科技人才突出中长期目标导向,推行代表作评议制,评价重点从研究成果数量转向研究质量、原创价值和实际贡献,允许科学家采用弹性工作方式从事科学研究。对从事应用研究和技术开发的科技人才注重市场检验和用户评价。对从事成果转化的科技人才,重在考核其技术转移能力和其科研成果对经济社会的影响。

健全科技人才评价流程与制度体系。建立科学规范的学术自治制度,推行第三方评价,拓展社会化、专业化、国际化的评价机制,拓宽科技社团、企业和公众参与评价的渠道。在高水平的研究机构引入国际同行评议,针对非共识性人才试点设立绿色通道。进一步深化职称评审制度改革,突出用人主体在职称评审中的主导作用,合理界定和下放职称评审权限;探索高层次人才、急需紧缺人才职称直聘办法,畅通非公有制经济组织和社会组织人才申报参加职称评审渠道。改革国家科技奖励制度，优化结构、减少数量、提高质量，逐步完善推荐提名制，加大对杰出科学家、优秀创新团队和青年人才的奖励力度，强化奖励的荣誉性。健全监督机制，完善与专业评价结果相关联的信誉鼓励和追责机制。强化对各类人才专项及入选者的考核，对于考核不合格的，严格执行退出制度。

推动形成体现增加知识价值的收入分配与激励机制。按照国家统一规定逐步提高科研人员的基本工资水平，在保障基本工资水平正常增长的基础上，推进科研机构实施绩效工资，并建立绩效工资稳定增长机制。重点向关键岗位、业务骨干和做出突出贡献的人员倾斜，对从事基础性研究和社会公益研究的人员，适当提高基础工资收入，对青年人才根据工作任务和实际贡献等因素加大激励力度。允许科研人员从事兼职工作获得合法收入，加大重大科技创新成果奖励，建立健全后续科技成果转化收益反馈机制，推行科技成果处置收益和股权期权激励制度，使科技人员潜心研究。改变个人收入与项目经费过度挂钩的评价激励方式，加强对科研人员的长期激励。提高科技人才成果转化收益分享比例，让各类主体、不同岗位的创新人才都能在科技成果产业化过程中得到合理回报，全面激发科研机构、高等学校、企业的科技人才创新创业的积极性。探索对符合条件的科研机构高等学校负责人实行年薪制，对急需紧缺等特殊人才实行协议工资、年薪制等分配办法。研究制定技术技能人才激励办法，探索建立企业首席技师制度，试行年薪制和股权制、期权制。

(三) 完善科技人才流动配置机制

清除人才流动障碍，优化人力资本配置，按照市场规律让科技人才自由流动，提高社会横向和纵向流动性。

建立健全人才双向流动机制。允许科研机构和高等学校设立一定比例流动岗位，吸引有创新实践经验的企业科技人才兼职。允许符合条件的科研机构和高等学校的科技人才经所在单位批准，带着科研项目和成果、保留基本待遇到企业开展创新工作或创办企业，形成可进可出的双向流动的保障机制。试点将企业任职经历作为高等学校新聘工程类教师的必要条件。改进科技人才薪酬和岗位管理制度，完善社保关系转移接续政策，破除科技人才流动的体制机制障碍。鼓励科研机构、高等学校试点推行"有限期聘用"制度,健全机制、畅通渠道,调整和优化队伍结构。推动内地与港澳台科技人才交流与合作。

推动人才向基层和欠发达地区流动。鼓励支持基层一线和艰苦边远地区探索建立人才管理改革试验区,在人事管理、职称评定、工资待遇、成果转化、财政支持、收入分配等方面进行改革试点。建立派出单位、科技人才和服务对象三方知识产权分享和利益分配机制,形成科技人才服务基层的长效机制。通过提高补贴标准等多种方式,切实提高在基层和艰苦边远地区工作科技人才的收入水平。加强对科技人才服务基层工作的支持,促进公共科研机构面向所有科技人才开放,提供研发、信息和咨询服务。

促进科技人才学术交流。对科研机构和高等学校的教学科研人员出国开展学术交流合作实行导向明确的区别管理,鼓励科技人才开展多种形式的学术交流和合作,放宽对学术性会议规模、数量等方面的限制,为科技工作者参加更多的国际学术交流提供政策保障和往返便利。完善访问学者制度,扩大科研机构和高等学校短期流动岗位数量,推动跨地区人才开展合作研究、学术交流或讲学。完善国际组织人才培养推送机制,支持我国科学家牵头组织或参与国际大科学工程,在国际学术组织担任职务。

(四) 创新科技人才服务保障机制

建立和完善科技人才服务体系,为科技人才的开发、培养、评价和流动等提供高质量的服务保障。

构建统一开放的科技人才市场。发展职业经理人人才市场、高新技术人才市场等内外融通的专业型人才市场及网络人才市场。制定人才服务业从业人员行为规范,加强人才市场执法队伍和人才中介机构从业人员队伍建设,不断提升人才服务从业人员的专业化、职业化水平。充分发挥市场配置资源的作用,实现人才服务机构投资主体的多元化,倡导和鼓励社会资本进入人才服务领域,加大科技人才服务融资投资规模,促进人力资源管理咨询、人才培训、人才测评等人才服务专业领域发展。

建立健全专业化、行业化的科技人才公共服务体系。明晰政府部门在人才公共服务中的职能定位,减少行政审批事项,建立健全政府购买公共服务制度,公共政策和管理服务向非公有制组织人才平等开放。推进公共人才服务主体的多元化与专业化,加强人才公共服务均等化服务。加强制度建设，完善对人才公共服务的监督管理，建立创新人才维权援助机制。建立重点产业、行业和领域人才供给和需求信息的调查制度，推进人才公共服务的信息化进程。加大对人才公共服务体系建设的经费投入。

拓展科技人才服务新模式。搭建科技人才服务区域和行业发展的平台，建设科技领军人才创新驱动中心，探索人才和智力发展的长效服务机制。探索"互联网+科研服务"，促进科研机构、高等学校科技资源和科技服务对社会公众开放共享，完善国家科技基础条件平台的运行和服务。鼓励各类科技服务机构为科技人才，尤其是创新创业人才提供法律、知识产权、财务、咨询、检验检测认证和技术转移等高端服务。

五、组织措施

(一)加强统筹协调

构建高效的科技人才工作组织体系，明确科技人才工作的制度规范、组织形态、任务目标和责任权限，协调推动各类科技人才政策措施和相关科技人才工程的实施。科技人才工作要涵盖从中央到地方的各个领域、系统、企事业单位，各级政府科技部门设立相应的科技人才职能机构，具体承担本地区本部门的科技人才工作。承担相应科技工作的系统、部门和单位，可根据实际情况设立相应的职能机构，或在有关机构内确定相应的科技人才管理职能，具体承担科技人才管理和服务工作。

(二)落实条件保障

健全科技人才投入保障机制，为培育和开发高质量的科技人才队伍奠定基础。加强科技人才投入结构和布局的顶层设计，实施促进人才投资优先保证的财政政策，各级政府合理保障对人才发展的投入。发挥人才发展相关资金、产业投资基金等政府投入的引导和撬动作用，建立政府、企业、社会多元投入机制。加大对新兴产业以及重点领域急需紧缺专门人才培养的投入力度，加大人才中西部地区培养的投入力度，加大对青年人才的支持力度，加大服务国家重大战略的人才工作投入，推进科技人才政策分类支持、精准激励和普惠保障，形成定位清晰、公平透明、稳定预期的长效机制。

(三) 夯实基础设施

以科技人才工作信息化为基础,坚持政府主办与购买服务相结合。建立重点行业和领域人才供给和需求信息的调查制度,探索推行科技人才唯一标识制度,建立多源信息的关联共享与安全机制,有序推进科技人才信息数据库及公共服务平台建设。完善科技人才信息统计、分析和发布机制,强化科技人才流失问题研究,探索建立科技人才安全预警体系。

(四) 强化督促考核

加强对《科技人才规划》各项政策制定、落实情况和任务完成情况的监督检查,将《科技人才规划》落实情况纳入对地方科技行政管理部门的绩效考核。加强科技人才计划全链条管理,建立国家科技人才计划协同推进机制,加强对人才计划实施效果的评估。

附:

科技部关于印发《"十三五"国家科技人才发展规划》的通知

国科发政〔2017〕86号

各省、自治区、直辖市及计划单列市科技厅(委、局)、新疆生产建设兵团科技局,中央、国务院各有关部门科技司(局):

为贯彻落实《国家创新驱动发展战略纲要》《"十三五"国家科技创新规划》,深入实施人才优先发展战略,坚持把人才资源开发放在科技创新最优先的位置,优化人才结构,构建科学规范、开放包容、运行高效的人才发展治理体系,形成具有国际竞争力的创新型科技人才制度优势,努力培养造就规模宏大、结构合理、素质优良的创新型科技人才队伍,科技部制定了《"十三五"国家科技人才发展规划》,现印发给你们,请结合本部门、本地区的实际贯彻落实。

科 技 部

2017年4月13日